海上物流を支える若者たち

―内航海運と船員のいまを知る―

森 隆行 著

KAIBUNDO

はじめに

四方を海で囲まれた我が国においては，古くから「船」が輸送手段として重要な役割を果たしてきました。江戸時代には，菱垣廻船・樽廻船や北前船などによって日本全国が海上ネットワークで結ばれていました。近代になるとトラックによる陸上輸送が国内物流の中心となりましたが，それでも船による物資輸送の割合は全体の 4 割（輸送活動量，トンキロベース）を超えています。海上輸送を担う「船」は，日本の社会と産業にとってなくてはならない存在であり，その「船」を動かすのが船員です。

かつて，船員は憧れの職業であり，尊敬される対象でした。昭和の半ばには美空ひばりをはじめ多くの歌手が「マドロス」[*1] をテーマにした歌を歌っています。しかし，現在は，船員の仕事は「3K（きつい，きたない，帰れない）として若者には人気がなく，内航海運業界では，船員の高齢化，船員不足が大きな問題となっています。

かつては，人の移動も貨物の輸送も船を使うことが一般的であり，船は身近な存在でした。現在，人の移動は鉄道や車，飛行機が中心であり，船を利用することは，フェリーなど一部を除いて一般的ではなくなり，遠い存在になってしまいました。その結果，船や船員のことを知る機会が少なくなったというのが船員不足問題の背景にあるように思えます。船員の仕事は特殊な教育を必要とする，一般人とは関係のない世界の仕事だと考えられているのではないでしょうか。確かに，船員の仕事は，その勤務形態を考えると少々特殊かもしれません。しかし，現在では，船員になるにもいろいろなコースがあります。普通科の高校や一般大学を卒業して船員になる人も少なくありません。また，古来より船は男の職場と考えられていましたが，最近は，女性を積極的に採用する海運会社も増えています。

[*1] マドロス：オランダ語で水夫，船員を表す言葉。昭和 38 年に発売された美空ひばりのレコードアルバム「港と恋とマドロスと」には，「ひばりの船長さん」「ひばりのマドロスさん」「初恋マドロス」「浜っ子マドロス」などが収められている。

本書の目的は，多くの人に船員という仕事を知ってもらうことにあります。そして，この本を読んで，船員になろうと考えてくれる若者が出てくれることを願うものです。

最後に，今回快く取材に応じてくださった方々，ご協力をいただいた多くの方々に，心からお礼申し上げます。また，出版に当たって大変お世話になりました海文堂出版株式会社編集部の岩本登志雄氏にも厚くお礼申し上げます。

2019 年 3 月吉日

森 隆行

目　次

序章

内航海運は，国内貨物輸送の 44.3％（2015（平成 27）年）を担い，鉄鉱，石油やセメントなどの素材産業関連貨物では 8 割の輸送を担う重要産業です。また，環境にやさしくエネルギー効率の良い輸送機関として，内航海運は環境保護の観点からモーダルシフトの受け皿として期待されています。しかしながら，日本の産業にとってなくてはならない存在であるにもかかわらず，一般には内航海運は馴染みが薄く，知名度が低いのが現状です。

内航海運による輸送需要は，1990 年をピークに減少傾向にあります。近年のグローバリゼーションによる企業統合や拠点の再配備・統廃合，そしてリーマンショックによる貨物輸送需要の大幅な減少は，内航海運に大きな影響を与えました。さらに，民主党政権下での，高速道路料金の夜間割引や料金上限制度の導入問題，沖縄において認められた一部のカボタージュ（p.149 の解説（3）参照）規制緩和など，内航海運を取り巻く環境はとても厳しい状況にあります。

さて，内航海運には 2 つの重要な役割があります。一つは，先述の物流インフラとしての役割です。内航海運は，環境にやさしく低コストで大量に貨物を輸送することができる，日本の産業を支える物流インフラとしての大きな役割があります。とくに，鉄鋼，石油やセメントなど産業基礎物資をはじめ，野菜，牛乳などの生活物資を安定的に輸送することで日本の産業と国民の生活を支える役割を果たしています。

もう一つは，日本と日本国民の安全保障の役割です。内航海運は，テロ活動，領海侵犯や武器・麻薬の密輸などに関し，海上保安庁への監視協力や有事の際の住民の避難，災害発生時の地方自治体との協力など，国民の安全と治安の確保にとても重要な役割を果たしています。また，2011 年の東日本大震災に際して，客船やフェリーなどあらゆる船舶が緊急物資や人の輸送に貢献したことは記憶に新しいところです。尖閣問題など安全保障面から，内航海運＝日本籍船の役割はますます重要になっています。この意味からもカボタージュの堅持が必要なことに疑問の余地はありません。しかし，カボタージュのことを知り，その意味を正しく理解している人が決して多くないのも現実です。

2007 年，国土交通省海事局が試算・公表した 2012 年と 2017 年における船員需給予測によると，2012 年には約 1900 人，2017 年には約 4500 人の内航船員が不足するということでした。しかし，最近まで内航海運業界において船員不足が顕在化することはありませんでしたが，2014 年になってタンカーやケミカル船を中心に船員不足によって船が動かせないという報道が現れるようになりました。また，業界では他社の船員の引き抜きに悲鳴を上げる船主も出ています。いよいよ内航海運において船員問題の解決は喫緊の課題として浮上してきました。

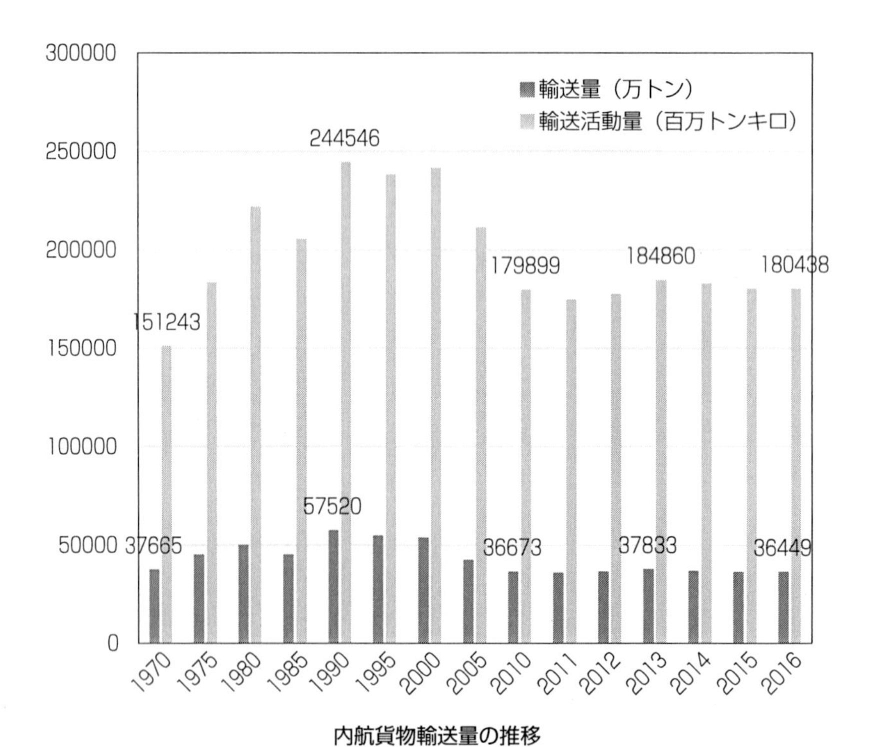

内航貨物輸送量の推移

（出所：日本内航海運組合総連合会「内航海運の活動」平成30年度版）

2017年10月時点の内航船員数は2万653人（職員1万5895人，部員4758人）です。日本の船員は外航（外国人船員を除く）・内航ともに1974年の13万122人（外航5万8853人，内航7万1269人）をピークに減少しています。内航船員は，2009年に3万人を割って以降，微減ないしは横ばいの状態にあります。しかし，その年齢構成は60歳以上の高齢船員が27.7％，50歳以上で見ると52.7％と半数以上を占めており，船員の高齢化が目立ちます。30歳未満の若年層はわずか16.4％，75歳以上の船員も100人以上（0.6％）いるのが現状です。このように，内航船員の不足と同時に，高齢化が大きな問題になっています。今後，60歳以上の高齢船員が一挙に退職の時期を迎えることを考えれば，2007年の国土交通省の内航船員の需給に関する試算は，大筋において正しかったと言えます。

2011年に，全日本内航船主海運組合（全内船）が船員確保対策として，水産系高校生を内航海運への船員供給源としようとして動き出しており，全内船によって水産系高校への説明会や水産系高校生のインターンシップの引き受けなどが実現しています。また，海洋共育センターの設立など，官民挙げて内航船員対策に取り組んでいます。

しかしながら，現在取り組んでいる対策では必ずしも十分でないと考えられます。その理由として，内航海運に存在する構造的特殊性からくる問題の本質についての配慮不足と，船員不足問題を根本的に解消するための対策について明らかにされていないという点が挙げられます。現在の官民挙げての数々の船員不足問題への取り組みが一定の効果を上げていることを肯定しながらも，必ずしも十分でない点，および根本的解決にはなっていない点を指摘しておきたいと思います。

内航海運は，第2次世界大戦において，ほとんどの船舶を喪失し，また戦後補償を受けられずゼロからの出発であったという点において，外航海運と同じでした。しかしながら，復興初期において外航海運のような強力な集約が図られることなく，また，規制が温存されたこともあり，その後は違った道を歩むことになりました。

日本の産業構造の変化も内航海運に大きな影響を与えました。明治以降，日本の内航海運は石炭輸送と共に発展してきましたが，石炭から石油の時代に移り，その輸送貨物も大きく変化しました。1957（昭和 32）年，内航海運輸送に占める石炭の割合は輸送活動量（トンキロ）で 53％を占めていましたが，1963（昭和 38）年には 19％に減少し，2012（平成 24）年にはわずか 1.5％でしかなくなりました。

このように，内航海運が日本の物流インフラとして必要不可欠な存在であることは今も昔も変わりありませんが，その役割は時代の変化，取り巻く環境の変化によって変わっていることも事実です。東日本大震災時の自衛隊とフェリー，内航海運の活躍を目の当たりにして，改めてその存在を認識した人も多かったと思います。しかしながら，内航船舶は，1980（昭和 55）年には約 1 万 1200 隻ありましたが，2017 年 3 月現在で 5196 隻と大きく減少しています。内航海運が日本の社会，経済にとってたいへん重要であるにもかかわらず，一般の内航海運への理解や関心度は決して高くないのが現実です。

第1章 船員カタログ

1 ▶ 内航船とは？

内航船とは，そもそもどういう船をいうのでしょうか。外航船とはどう違うのでしょうか。

まず，櫓櫂船，漁船以外の船舶による海上における物品の輸送で，船積地および陸揚地のいずれもが本邦内にあるものを内航運送といい，これに従事する船舶が内航船です。そして，これを事業とするものを内航海運業といいます。外航船は便宜置籍船の利用などにより国内法の枠外ですが，内航船はカボタージュを含め国内法の適用を受けます。船員は全員日本人です。一般的に経営規模が小さい中小零細企業が多いのも特徴です。

2 ▶ 内航船の船員（職種）とその仕事

内航船には，最高責任者である船長，船の運航を担当する航海士，機関（エンジン）の管理・保全を担当する機関長と機関士，さらにそれらの業務を補佐する甲板部員，機関部員などが乗船しています。甲板部は，船舶の運航から貨物の管理，船体の整備など，航海と荷役に関することを行い，機関部はエンジンや補機類などの運転・整備を行います。船をつねに故障なく動かし続けるには，甲板・機関とも保守点検作業が重要です。

大型船で乗組員が多い船には，司厨員あるいは司厨手と呼ばれる賄い担当（調理担当）が乗船しています。船の種類や大きさによって乗組員の数も 3 名から 10 数名まで幅があります。船長・機関長・航海士・機関士として乗船するには，国家試験による 1～6 級の海技免状を取得しなければなりません。また，司厨手は船舶料理士の資格が必要です。

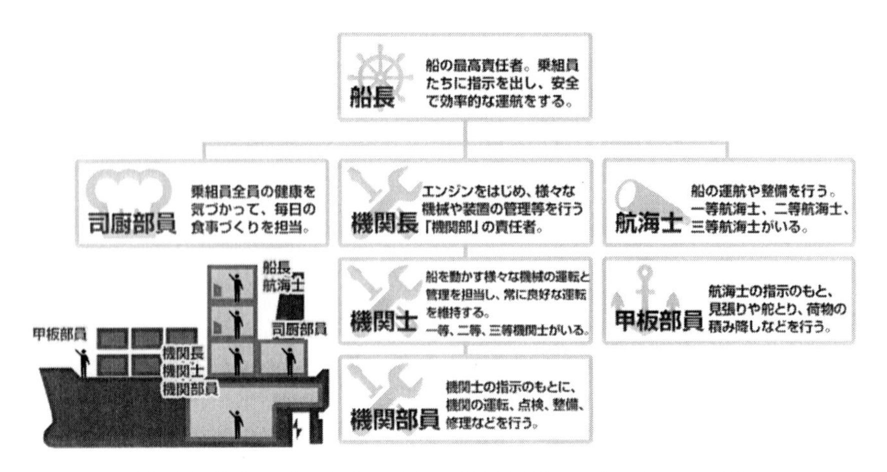

内航船の船員と仕事（出所：日本内航海運組合総連合会パンフレットから引用）

3 ▶ 船員になるには？

海技士の資格を取得して船員になるには，中学卒業後に全国に 7 つある海上技術学校あるいは商船系の高等専門学校に入学するか，高校を卒業してから海上技術短期大学校あるいは神戸大学（海事科学部），東京海洋大学（海洋工学部）に進むというのが一般的なコースです。海上技術学校，海上技術短期大学校では，4 級海技士をはじめとして専門的な資格を取得することができます。また，実際に海に出て学ぶ長期の航海実習も体験できます。訓練は，日本最大の帆船日本丸，海王丸，そしてディーゼル機関を備えた大成丸，銀河丸，青雲丸の 5 隻の練習船で航海訓練が行われます。

最近は，普通科の高校や一般大学を卒業して海運会社に入社してから海技免状を取得し船員として働くというケースも見られます。

船舶料理士は，千総トン以上の船舶や漁船において，船内で船員に支給する料理をつくる際に必要な資格です。試験は船員災害防止協会が実施しており，毎年 10 月ごろに行われます。受験資格は，20 歳以上の者で，船舶に乗り組んで 1 年以上，専ら司厨部として調理に従事した経歴を有する者（船員手帳雇入欄に「調理担当」と明記された経歴のみ有効）です。

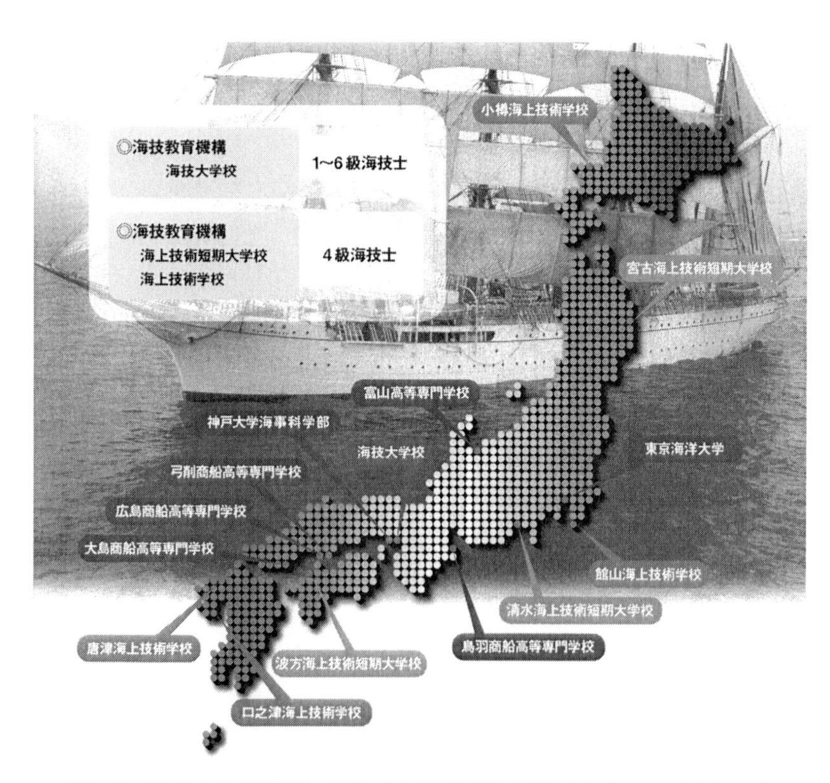

船員教育機関とその所在地（出所：日本内航海運組合総連合会パンフレットから引用）

航海練習船「青雲丸」（写真提供：独立行政法人 海技教育機構）

4 ▶ 内航船の分類（定期船と不定期船）

内航船には大きく分けて，あらかじめスケジュールや寄港地が決まっている定期船とそうでない不定期船があります。

定期船は「ライナー」と呼ばれ，コンテナ船とRORO（Roll on Roll off）船があるほか，一部，在来型の貨物船もあります。コンテナ船は，クレーンでコンテナを吊り上げて揚げ積みを行うことから「Lift on Lift off」と呼ばれています。それに対してRORO船は，岸壁と船を可動式の橋でつなぎ，直接トラックやフォークリフトで貨物を揚げ積みします。

不定期船は「トランパー」と呼ばれ，荷主の要請によって行き先が決まります。主に石油，セメントや鋼材など大量の素材を輸送し，内航船のほとんどが不定期船です。

定期船を路線バスや地下鉄や列車，そして不定期船は観光バスやタクシーになぞらえると理解しやすいと思います。内航船にはそれ以外にも，大きな船の岸壁の離接岸を助けるタグボート（曳船）や，タンカーの一種で船の燃料を補給するためのバンカー船など，特殊な役割の船もあります。

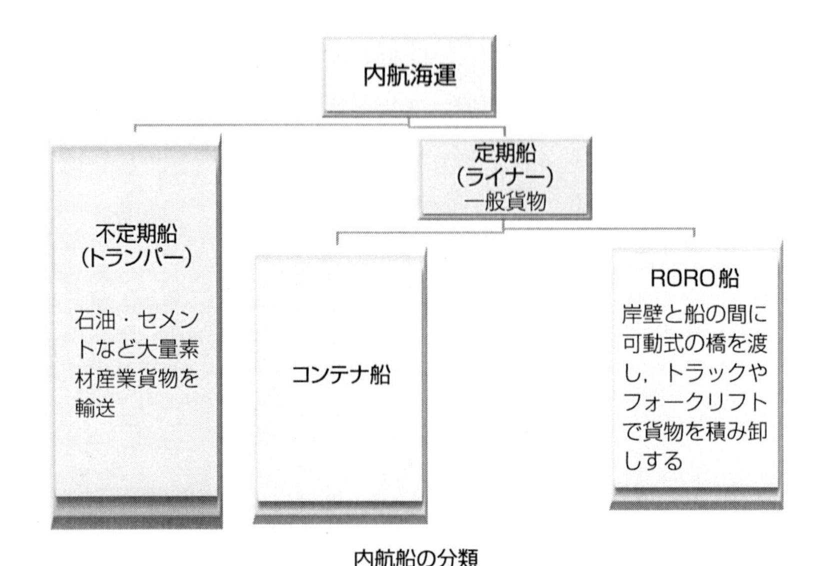

内航船の分類

ここにフェリーが入っていないことに気付いた人もいると思います。フェリーも旅客だけでなく国内貨物を輸送していますが，法律上，別の体系に属しています。内航海運が「内航海運業法」の適用を受けるのに対して，フェリーは「海上運送法」の適用を受けるため，分類上は内航海運から除外されるのが一般的です。

5 ▶ 内航船の種類（船種・船型）

定期船にはコンテナ船，在来貨物船や RORO 船があります。不定期船については，運ぶ貨物によって船が異なります。たとえば，完成車を運ぶのは自動車専用船，石油製品を運ぶのは油送船（オイルタンカー）です。油送船は，重油を運ぶ「黒油船（こくゆせん）」と，ガソリンや灯油を運ぶ「白油船（はくゆせん）」があります。黒油は dirty oil，白油は clean oil といいます。プロパンやブタンなどの液化石油ガスを運ぶのは LPG 船です。液体の化学製品を運ぶのはケミカル船です。その他にもセメント専用船，砂・砂利・石材専用船，石灰石専用船などがあります。

また，船の大きさ（船型）によって総トン数を使って，199 型，499 型，799 型などと呼ばれることもあります。

いろいろな内航船とフェリー
(写真提供：独立行政法人 鉄道建設・運輸施設整備支援機構)
注) 掲載船は全船, 鉄道建設・運輸施設整備支援機構との共有船。

第2章 7人の船員物語

1 ▶会社員から転職，愛娘とのテレビ電話を糧に海で働く！
大畑 幸三（おおはた こうぞう）27歳

5月22日，午後12時25分，山口県の柳井と周防大島を結ぶ大島大橋の下をゆっくりと進むコンテナ船「さがみ」[*1]。晴天，視界良好，瀬戸内の海は静かだ。ブリッジ（操舵室）では，一等航海士の大畑幸三が慎重に船の進路を修正していた。瀬戸内海は島が多く，漁船を含め多くの船が行き交う海域だ。大島大橋の架かる海峡の可航範囲は300mしかない。

さかのぼること数時間前の，朝6時10分，「さがみ」は三田尻中関港に入港，およそ3時間の停泊で約100本のコンテナを揚げ積みし，午前9時，広島港に向けて出航した。中関港と広島の距離はおよそ73マイル[*2]，5時間少々の航海だ。

大畑は1990（平成2）年，長崎県で生まれた。長崎県立鹿町工業高校卒業後に勤めていたエアバッグを製造する会社を退職し，船員へと大きく進路を変更した。現在27歳。船員の供給や船舶の保守管理を事業とする船舶管理会社である株式会社イコーズ（山口県）に入社して7年目だ。3年前から一等航海士としての職務に就いている。「さがみ」の山市船長の「できる人材には積極的に学ぶ機会を与える」という教育方針の下で，船長の仕事を肩代わりすることも多い。たとえば，入出港時には，船長がブリッジで操船をし，一等航海士は

[*1] さがみ：2013年11月竣工。2446総トン，積載可能コンテナ400TEU，全長110.72m，幅17.4m，最大速力16.6ノット。TEUはTwenty foot Equivalent Unitの略で，20フィートコンテナ換算の意味。40フィートコンテナは2TEU。

[*2] マイル＝海里，1マイル（海里）は1.852km。

船首（おもて），二等航海士が船尾（とも）に配置され，陸上とのロープを受け渡しするのが役割であるが，「さがみ」では，大畑は入出港時にはブリッジにおり，部分的にではあるが船長に代わり着岸，離岸の操船を行っている。船長はブリッジで大畑の操船を見守り，必要に応じて船長が操船することで大畑に経験を積ませている。

一等航海士の仕事は多岐にわたる。操船だけでなく荷役の責任者であり，甲板部の責任者でもある。

株式会社イコーズは，主として船舶管理業務を行う会社である。顧客である船主（オーナー）の船の船員配乗，保守管理などを行うことが主な業務であり，イコーズの管理する船舶は 27 隻に及ぶ。イコーズに所属する船員はおよそ 170 人おり，契約先の船舶に乗り込む。なかでも最大の顧客が，コンテナ船を運航する井本商運株式会社（神戸市）である。

コンテナ船「さがみ」
（写真提供：井本商運株式会社）

航海中のブリッジ当直は 2 人体制である。「さがみ」クラスの船では乗組員は 9 人（船長，一等航海士，二等航海士，甲板長，甲板員 2 名，機関長，一等機関士，司厨長[*3]）である。船長も含め甲板部 6 人での当直となる。つまり，午前と午後それぞれ 8 時～0 時が船長と甲板長，0 時～4 時が二等航海士と甲板員，4 時～0 時が一等航海士と甲板員という 4 時間の当直があり，一日 8 時間の勤務となる。しかし，内航船の場合には，一日中航海ということは少な

[*3] 船舶における賄い担当。船舶料理士。

い。この日も，中関港の後は広島港に寄港，そして神戸港，大阪港というスケジュールだ。停泊中は，荷役の監督や船の機器の手入れや修理などもある。寄港が多いと，乗組員の休む時間がない。航海中はできるだけ乗組員の休む時間を確保するという配慮から，中関港出航後も，船長と共に大畑が続けてブリッジで操船に当たる。このように内航船では，臨機応変な対応が求められる。

中関港の岸壁に立つ大畑

13 時 20 分，ブリッジの大畑は，船内電話で入港 1 時間前を船内に知らせる。

13 時 35 分，大畑が広島ポートラジオに無線で呼び掛けた。14 時 30 分広島港入港予定の連絡だ。

「さがみ」ブリッジ
手前が大畑，奥が機関長

13時48分，広島港入港のスタンバイ。入出港時のブリッジには，船長，大畑とエンジンの出力コントロールをする機関長が配置に着いた。

14時25分，大畑の「スローダウン」の指示により，機関長が「スローダウン」と繰り返し，エンジンの出力を絞り込んだ。操作が完了したら「スローダウン，サー」と操作完了を報告する。

「船首（オモテ），整いました」と二等航海士から連絡が入る。続いて，「船尾（トモ），配置に着きました」と甲板長から報告。本来は一等航海士である大畑が，船首（オモテ）の位置に着くところであるが，船長見習いとしてブリッジにいるため，「さがみ」では，オモテに二等航海士と甲板員，船尾（トモ）に甲板長と甲板員という配置になっている。着岸の最後の操船は船長が自ら行う。大畑は，急ぎ，船首（オモテ）の手伝いにブリッジを駆け下りた。

広島港にて
積み付けプランを見ながら
荷役の状況を確認する大畑

14時30分，広島港着岸，同時に荷役が始まった。停泊中も大畑は休む間もなく，ハッチ[*4]の上から荷役の状況を見守る。ブリッジには船の甲板を映し出すカメラが設置されており，ブリッジや1階の事務室，サロンでも荷役の様子は見ることができるが，積み付けの順番や場所の関係でカメラの死角が出来る。その場合，大畑は必ず外に出て自らの目で確認することにしている。同時

[*4] ハッチ：船舶の倉口。船倉内に貨物を出し入れする穴を「カーゴハッチ」と呼び，その上部をハッチカバーでおおう。

に，停泊中には甲板員が各種機器の修理や手入れなどの作業を行っており，甲板員への作業指示，場合によっては自らも一緒になって作業を行う大畑の姿をたびたび見ることができる。

サロンで
船長，機関長らと
打ち合わせ

大畑は，長崎県立鹿町工業高校機械科を卒業した後，地元の自動車会社に就職，その後，転職してエアバッグの検査員として働いていた。しかし，単純作業の繰り返しに疑問を持ち，船員になることを決意。集中して働き，長期休暇が得られるという勤務体系にも魅力を感じた。職を探すに当たり頼ったのが，現在の「さがみ」船長である山市である。実は，大畑の父親も兄も元漁船の船員で，現在は内航船の船員をしている。高校時代には，そうした環境への反発もあって違う道を選んだが，やはり船員の血筋かもしれない。しかし，船員になることを伝えたとき，父親はむしろ反対したという。決して楽な仕事ではないというのがその理由だった。「親の死に目にも会えないぞ」とも言われた。しかし，結局，大畑の強い決意をわかってくれた。

兄の親友が山市船長の甥っ子という関係で，山市の所属する株式会社イコーズを紹介され，入社したのが 2011（平成 23）年のこと。もちろん，簡単な道のりではなかった。漁船の手伝いなどをしたことはあったが，すべてにおいて漁船とは違う。まずは下関海技協会（山口県）で勉強し，6 級海技士の資格を得て，イコーズに入社することができた。勉強はたいへんだったと振り返る大畑。とにかく覚えることばかり，必死で勉強した。父親と兄はいずれも機関士だったが，自分はあえて航海士を選んだ。

入社時はまだ無線免許を取っていなかったこともあり[*5]，当直部員として乗船，その後，無線免許を取得して，三等航海士，二等航海士として，コンテナ船，バルク（ばら積み）船やタンカーなどを経験，2013 年，竣工時から「さがみ」に乗船，3 年前から一等航海士として乗り組んでいる。いまでは船長の信頼も厚く，船長の職務を一部，見習いとして代行するまでに成長した。

◇

17 時 55 分，荷役終了，間髪を入れず出航だ。一分一秒たりとも無駄にはしない。

大畑は「スタンバイエンジン」と声を上げ，船首，船尾の責任者へ配備の確認が始まった。

二等航海士「オモテ，出航準備できました」
大畑　　　「了解」
甲板長　　「トモ，出航準備できました」
大畑　　　「了解」
大畑　　　「トモ，スプリングレッコ」
甲板長　　「レッコしました」
大畑　　　「スタンラインレッコ」
二等航海士「レッコしました」
甲板長　　「トモ，オールラインクリアしました」
大畑　　　「オモテ，ヘッドラインレッコ」
二等航海士「レッコしました」
大畑　　　「デッドスローアヘッド」

[*5] 航海士（船舶職員）として乗船するためには無線免許を持っていなければならない。

機関長　　「デッドスローアヘッド，サー」

そして，大畑は，スラスター[*6]を始動し，ブリッジからサイドウイングに出て，直接，船と岸壁の状況を確認する。

大畑　　　「ストップエンジン」
機関長　　「ストップエンジン，サー」
大畑　　　「デッドスロー」
機関長　　「デッドスロー，サー」

こうした指示を繰り返しながら，徐々に岸壁を離れる。

大畑　　　「オモテ，スプリングレッコ」
二等航海士「スプリングレッコしました」

大畑はスラスターの出力を上げた。

大畑　　　「スローアヘッド」
機関長　　「スローアヘッド，サー」
大畑　　　「ハーフアヘッド」
機関長　　「ハーフアヘッド，サー」

やがて「さがみ」は港外へ。港外に出ると通常運航だ。

大畑にとって，離岸，出航は，もう慣れたものだ。船長もほとんど口を挟むことはない。安心して任せていられるということだ。

早朝，中関港に入港時からほとんど働き詰めの大畑。ここからは，船長がワッチ（当直）を代わってくれることになり，明日の朝 4 時からのワッチまで休むことに。

[*6] スラスター（thruster）はサイドスラスターまたはバウスラスターと呼ばれる。船を横方向に動かすための動力装置である。接岸や離岸の際に使用する。比較的大きな船に装備されることが多い。

「さがみ」の居住は快適だ。2 階から 6 階まで各フロアに 3 部屋ずつ，計 15 部屋の船室が完備され，部屋の広さは，どれも 13 m^2 以上。居住区全階にシャワー室，洗濯室，トイレがあり，全部屋に大型薄型テレビ，洗面所が備え付けられている。全室無線 LAN も設備されており，船内のどこにいてもインターネットの接続が可能だ。また，船の楽しみは何といっても食事。「さがみ」には，料理専任の「司厨長」がおり，味，ボリューム共にいうことなしだという。

「さがみ」船室
（写真提供：井本商運株式会社）

◇

大畑にとって，ワッチが終わり，食事を済ませた後の楽しみは，テレビ電話。2016（平成 28）年に結婚，2 歳になる娘がいる。娘も結構おしゃべりができるようになり，毎晩，テレビ電話で話をするのが何よりの楽しみだ。内航のコンテナ船は一日に複数の港に寄港することが多いため，日中は仕事に追われ，部屋では寝るだけという生活のなか，娘とのおしゃべりが至福の時と話す大畑は，このときばかりは航海士ではなく父親の顔になる。スマートフォンの待ち受け画面は，もちろん愛娘の写真だ。

レザークラフトや海釣りなど多彩な趣味を持ち，ルアーを手づくりするなど趣味の腕前もかなりのものだそうだが，最近はなかなか時間がとれないという。

株式会社イコーズの勤務は，45 日乗船し，2 週間の休暇を取るサイクルで，年に計 6 回の休暇がある。毎日，家に帰って娘を抱きしめたいという気持ちはあるが，基本的にはこの勤務体系は気に入っている。2 週間ゆっくりできるのはうれしいと話す大畑。休暇中は，専ら家族との団欒（だんらん）を楽しんでいる。この前の休暇には，娘と博多にある「アンパンマンこどもミュージアム」に行ったと顔をほころばせた。

◇

23 日午前 7 時 40 分，船は明石海峡大橋を通過。朝から雨が降っている。ブリッジには，大畑の姿が。朝 4 時からワッチに入っている。本来なら 8 時でワッチ終了であるが，間もなく入港のため，そのままブリッジでワッチを続ける。

午前 8 時 40 分，神戸ポートラジオに 9 時 10 分神戸港着予定を連絡した。その後，船長の指示で，乗組員をブリッジに集めミーティングが始まった。神戸港，大阪港の荷役予定を大畑が伝えた後，船長から全体の指示があり，解散。各自入港に備える。

神戸入港まえのブリッジ
手前から，機関長，大畑，船長

午前 9 時，雨に煙るなか，右前方にポートアイランドの赤と白のガントリークレーンが浮かび上がった。

午前9時10分，沖で停船。井本商運の別のコンテナ船2隻が荷役中のため，これらの船の離岸を待って「さがみ」の接岸となる。

午前9時40分，2隻がほぼ同時に荷役終了し離岸，「さがみ」は接岸のためのアプローチを開始した。

午前9時50分，着岸。大畑は雨のなか，すぐに船首（オモテ）に向かい，荷役が始まる。

大畑は，船員の仕事に就いてから仕事に向き合う姿勢がそれまでと大きく変わったという。毎日がある意味，緊張の連続。かつての仕事のような単純作業とはまったく違い，毎日が本番で，失敗やミスは人命に関わるからだ。自分自身，とてもやりがいのある仕事だと感じており，転職してよかったと思っている。

最初は，職場で寝泊まりすることになかなかなじめなかったが，いまではそれが当たり前と感じるようになった。収入面においても，以前に比べれば2倍にまでは届かないが，1.7倍くらいはあるという。

今日も，愛娘とのテレビ電話を楽しみに，目の前の仕事に全力で取り組んでいる。

2 ▶毎日が学びの新米イケメン三等航海士
亀山 遥（かめやま はるか）22歳

2018（平成30）年7月21日，午後4時，釧路西港第2埠頭にRORO船[*7]と呼ばれる大型貨物船が停泊していた。川崎近海汽船株式会社所属の「第二ほくれん丸」[*8]だ。牛乳のタンクを積んだシャーシが次々と運び込まれる。こうし

[*7] Roll on Roll off ship。フェリーのように船と岸壁を橋渡しするランプウェイを備え，トレーラーなどの車両を収納する車両甲板を持つ貨物船。積港ではトレーラーが乗船し，貨物を積んだシャーシを切り離して船側に載せ，トレーラーヘッドだけが下船する。揚港ではトレーラーヘッドだけが乗船してシャーシを連結して，そのまま下船，陸送する。通常のトラックをそのまま乗り入れ輸送することも可能である。

[*8] 第二ほくれん丸：2006年竣工，1万3950総トン，全長173.34 m，幅26.6 m。

て運び込まれたシャーシやトラックが収納された車両甲板で，ラッシング[*9] などのチェックをする作業服の三等航海士の姿があった。亀山遥 22 歳。177 cm と背が高く，優しい印象のイケメンだ。2 か月ほど前の 5 月 26 日，本船で初めて三等航海士として乗船したピカピカの航海士 1 年生だ。

釧路西港に停泊中の
「第二ほくれん丸」

亀山は，1996（平成 8）年，島根県で生まれた。中学まで松江市で過ごし，中学卒業後，山口県にある大島商船高等専門学校（以下，大島商船）に進学。大島商船時代は寮生活だった。母は浜田市の出身で，幼い頃から海と船を身近に感じて育ったという。中学生になると，船員という職業を意識しはじめ，どうしたら船員になれるかなどをインターネットで調べていたこともあり，中学卒業後の進路に商船高専を選んだのは当然と言える選択だったという。

大島商船在学中の 3 年生のときにインターンシップで川崎近海汽船株式会社の RORO 船を見学する機会があり，以来，将来は RORO 船に乗りたいという想いを強く持つようになった。そして 2017 年 9 月，大島商船を卒業し，川崎近海汽船に入社，約半年の見習い期間を経て，2018 年 5 月，三等航海士として乗船した。

[*9] 航海中の荷崩れを防ぐため，紐，ロープ，ワイヤー，チェーンなどを使って貨物を固定すること。

亀山遥
「第二ほくれん丸」
三等航海士

ちなみに，商船高等専門学校は現在，日本全国に 5 校，西から大島商船高等専門学校（山口県），広島商船高等専門学校（広島県），弓削商船高等専門学校（愛媛県），鳥羽商船高等専門学校（三重県），富山高等専門学校[*10]（富山県）がある。高等専門学校の修業年限は 5 年だが，商船に関する学科については 5 年 6 か月（座学課程 4 年 6 か月，航海実習 1 年）とされている（学校教育法第 70 条の 4）。

「第二ほくれん丸」は，姉妹船の「ほくれん丸」と 2 隻で，釧路港–日立港の航路に就航。船名が示すように，北海道から日立港（茨城県）向けの貨物の 7 割はホクレン[*11] 扱いの牛乳や野菜などである。一方，日立港から北海道向けの貨物は，農業機械や乗用車だ。釧路港入港が 14 時，出航は 18 時，日立港も同様に入港 14 時，出航 18 時である。航海時間はおよそ 20 時間。2 隻で釧路港–日立港間のデイリーサービスを行っている。

[*10] 旧富山商船高等専門学校。2009 年 10 月 1 日に富山工業高等専門学校と統合した。
[*11] 北海道における経済農業協同組合連合会である「ホクレン農業協同組合連合会」の略称。

車両甲板で一等航海士と打ち合わせをする亀山（右）

車両甲板の様子

川崎近海汽船株式会社は現在，「第二ほくれん丸」「ほくれん丸」の 2 隻の RORO 船，3 隻のフェリー（シルバーフェリーの名前で営業）の他，石灰石専用船や石炭専用船など，合わせて 12 隻を運航している。

17 時 25 分，すべての荷物が積み込まれ，荷役完了。間もなく出航だ。

船長が「スタンバイ」を指示すると，亀山が復唱し，出航準備が始まった。

一等航海士がオモテ（船首）に，二等航海士がトモ（船尾）へと配置に着くと，亀山は船内電話でエンジンルーム（機関室）に向けて「スタンバイお願いします」と呼び掛けた。

17 時 30 分，オモテのランプウェイをボースン（甲板長）が，トモのランプウェイをクォーターマスター（操舵手）が巻き上げる。

やがてエンジンルームの機関長から「切り替えます」との電話連絡が入ると，亀山は「お願いします」と答え，「操縦切り替えました」と船長に報告。操縦権はエンジンルームからブリッジ（船橋・操舵室）に移る。

17 時 33 分，亀山，急ぎブリッジを出てスプリングに向かった。

船長の「オモテ，トモ，オールラインレッコ」の指示で，係船ロープが外され，本船に巻き上げられる。

「オモテ，クリアサー」と一等航海士から，続いて二等航海士からも「トモ，クリアサー」と報告が入ると，亀山も「オモテスプリング，クリアサー」と船長に報告を入れた。やがて船長から「お疲れさまでした。作業終了してください」と声がかかると，スラスターを操作し，本船はゆっくりと岸壁を離れた。

17 時 35 分，亀山はブリッジに戻った。

出航時には，船長と三等航海士がブリッジ，一等航海士がオモテ，二等航海士がトモの配置であるが，本船はヘッドライン（オモテの係船ロープ），スターンライン（トモの係船ロープ）の他に，ブリッジの後方，本船のなかほどにもフォアスプリングラインと呼ばれる係船ロープがあり，フォアスプリングラインは三等航海士の担当であるため，いったんブリッジを離れなければならない。

ブリッジでは，亀山と船長のやり取りが続く。

亀山　「港口クリアです」
船長　「了解」

続いて「風，南 4 m です」「防波堤まで 4 ケーブル[*12] です」「アスターン 2.4 ノット[*13] です」と，亀山は都度，船長に状況（防波堤までの距離，風，本船速度）を報告する。これも三等航海士の役割だ。

釧路港は，本船の後方に防波堤があるため，防波堤までの距離をつねに把握する必要がある。二等航海士もトモの作業終了後，ブリッジに戻り船長の補佐役をする。これにクォーターマスターがホイール（舵輪）の位置につき，ブリッジは 4 人態勢となる。

亀山　「風，南 7 m です。防波堤まで 2 ケーブル」
船長　「アスターン 3.9 ノット」

このような報告と指示が何度か繰り返された後，船長が「それでは切り替えます」「舵ハードポート（左いっぱいに舵を切る）」「エンジンスローアヘッド」と指示。

[*12] ケーブルは距離を表す単位で，1 マイル（1 海里，1.852 km）の 10 分の 1。
[*13] 1 時間に 1 海里進む速度。

亀山は，この指示を受けてテレグラフ[*14]を「スローアヘッド」に入れた。

続いて船長が「スラスター，オモテ左フル，トモ右スリークォーター」と指示，亀山は復唱して操作する。

さらに船長の「切り替えて」との指示に，亀山は「切り替えます」と復唱，切り替え操作（スラスター，テレグラフ）を行った。

そしてクォーターマスターが舵を切り替えると，亀山が「切り替えました」「スローアヘッドサー」と続ける。クォーターマスターの「ハードポートサー」の声に，船長が「245 度にしてください」と指示。クォーターマスターが「245 度サー」と復唱。

進路を何度か修正し，いよいよ本船は，防波堤を抜けて外洋へ。

ブリッジの空気も少し和らぐ。

やがて船長の「ポート 5 度」の指示にクォーターマスターも復唱し舵を切った。

17 時 51 分，亀山が「防波堤通過です」とエンジンルームへ電話で連絡すると，機関長から「了解」と返ってきた。

17 時 55 分，船長が亀山に船の進路や状況を引き継ぎ，ブリッジを離れる。続いて二等航海士も離れ，ブリッジには亀山とクォーターマスターの 2 人に。通常のワッチ（航海当直）体制だ。亀山の当直は 20 時まで。21 ノットの速力で一路，日立港を目指す。およそ 20 時間の航海である。

「第二ホクレン丸」クラスの船の場合，当直体制は，一般的に 4 時～8 時が一等航海士とクォーターマスター，8 時～0 時が三等航海士とクォーターマスター，0 時～4 時が二等航海士とクォーターマスターの組み合わせで 1 日 2 回，合計 8 時間の勤務だが，本船では，4 時～8 時が三等航海士とクォーターマスター，8 時～0 時が一等航海士とクォーターマスター，0 時～4 時が二等航海士とクォーターマスターという体制である。また，午前中の 8 時～0 時のワッチには，一等航海士の代わりに船長が入る。一般とは違う当直体制をとる理由を船長に聞くと，この航路は牛乳や野菜など冷蔵の必要な貨物が多く，出航から

[*14] エンジンテレグラフのことで，ブリッジから機関室へ指令を伝える装置。

4～6 時間後に電源トラブルなどが発生する率が高いため，その時間帯に最も経験が豊富な一等航海士をワッチに当たらせるためとのこと。また，午前中に一等航海士に代わって船長がワッチに入るのは，その時間帯に一等航海士にはボースン（甲板長）と一緒に，船内作業を行ってもらうためだという。

ブリッジでレーダーを観る

なお，本船の乗組員は 12 名（船長，一等航海士，二等航海士，三等航海士，甲板長，甲板員 3 人，機関長，一等機関士，二等機関士，司厨長）である。

◇

19 時 45 分，ワッチ終了 15 分前。交代の一等航海士とクォーターマスターがブリッジに現れた。交代の 15 分前に来るのが原則だ。

一等航海士に引き継ぎをして亀山のワッチ終了。つかの間の休息である。その前に夕食だ。本船には，司厨員が乗船しており，ボリュームたっぷりの美味しい食事を提供してくれる。船乗りにとって食事は何よりの楽しみだ。この日の夕食は，めかぶとろろ，銀ガレイのみりん焼き，そして豚肉のたっぷり入った肉野菜炒めと米飯だ。海苔や梅干しも常備されている。

「第二ほくれん丸」は，居住区も申し分ない。個室はもちろん，全室バス，トイレ付きで，テレビ，冷蔵庫もある。

「第二ほくれん丸」の食堂

7月21日の夕食

食堂にて

亀山の勤務は，3 か月間乗船して 1 か月休暇という体制。9 月には下船の予定だ。夏のボーナスも入ったので，休暇中に車の購入を真剣に考えている。いま，頭にあるのはマツダの CX-5 だという。

小学校から高専時代までバスケットボールに熱中していた。いまも休暇中には昔の友人とバスケットを楽しむという。高専時代にはボルダリングも始めた。車を買ったら，ドライブも趣味にしようかと考えている。こうした多彩な趣味もあるが，一番の楽しみは彼女と過ごす時間だという。仕事もオフも充実した生活を実感しているようだ。

◇

7月22日3時45分，深夜のブリッジに亀山の姿があった。これからワッチだ。本船は，岩手県魹ヶ崎の沖を速度22.2ノットで航行していた。

4時30分，日の出だ。三陸沖は暖かくなったころに霧の出ることも多い。

7時00分，天気は晴れ。うねりが少しあるが波はない。向かい風8 m。この時間帯に金華山沖では，ボンテン[*15]が多く，避けながら進路を変更して進む。漁船が横切ることも多く，集中力が要求される。

三等航海士として乗船しはじめて2か月が過ぎた。当初は，緊張の連続でよく眠れなかったこともあるが，いまは仕事にも慣れてきた。それでも，毎日が勉強だ。一等航海士や二等航海士あるいはベテランのクォーターマスターから学ぶ毎日だ。先輩航海士から，ちょっとした空き時間を利用していろいろなアドバイスをしてもらえるのが本当にありがたいと言う。

8時00分，二等航海士にワッチを引き継ぐ。

13時15分，まもなく日立港入港だ。船長以下，一等航海士，二等航海士，亀山，そしてクォーターマスターがブリッジに揃った。

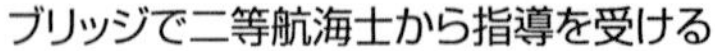
ブリッジで二等航海士から指導を受ける

ブリッジでスタンバイ

*15 ブイの上に旗竿を立てたもの。定置網などの場所を示すのに使われる。

13 時 35 分，船長の「スタンバイ」の指示で各自配置に着く。亀山もスプリングへ行くためヘルメットをつけ，ブリッジで待機していた。日立港は目前だ。船長の指示を三等航海士とクォーターマスターが復唱し，指示を実行。これを繰り返しながら，本船は日立港にゆっくりと入っていく。

13 時 55 分，亀山はスプリング配地に着き，係船ロープを岸壁につなげる作業が始まった。

14 時 00 分，着岸。早速，荷役当直だ。

スプリング作業中

「第二ほくれん丸」は定期航路で，亀山の仕事も決まった時間割で行われており，おおむね下記の繰り返しになる。

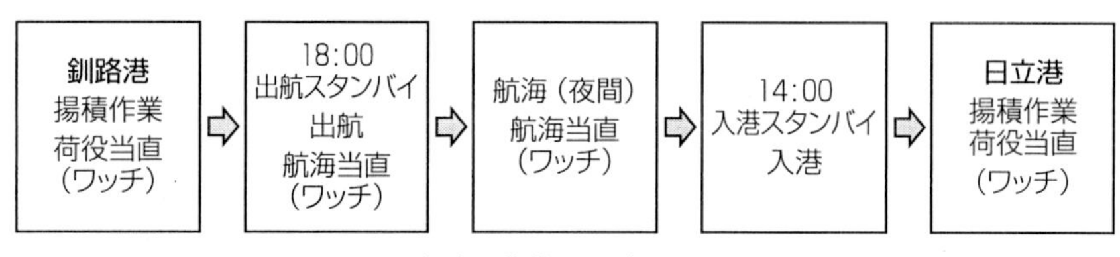

亀山の作業スケジュール

三等航海士の主な業務は，航海当直と荷役当直。もちろん，ログブック（航海日誌）の記載やその他の書類仕事もある。

亀山に船の魅力について尋ねると，学校などで学んだ知識がそのまま仕事に生かせること，そして何よりお金が貯まることを挙げた。そして最後に，次のように締めくくった。

最初の半年間は見習い期間で（クォーターマスターとして），5月に初めて三等航海士として乗船しました。航海当直での安全航海や荷役当直での責任を考えると，これまでとは違い身の引き締まる思いと同時にやりがいを感じました。航海当直の役割を果たし，次の当直者にきちんと引き継ぐことができるようになった自分を誇りに思うと同時に達成感もあります。

新しい発見も少なくありません。北海道には RORO 船で初めて来ました。そのとき，本州では桜が満開なのに釧路は雪でした。季節の違いを実感した瞬間です。休暇中に，釧路以外の北海道の他の地域にも行ってみたいと思っています。

また，航海中にはシャチ，クジラが見られることもあります。水面に浮いているマンボウを初めて見たときには感動しました。

船員という仕事は，肉体的にきつい面もあります。長期間，家に帰れないという点も他の職業と違うかもしれません。しかし，やりがいと満足感は大きいと思います。私は，船員という職業に誇りを持っていますし，とても満足しています。子供の頃から描いてきた夢を実現できて，いますごく充実しています。

一等航海士を目指し。亀山の挑戦は続く。

3 ▶ 機械が好きで機関士に！念願かないタンカー勤務
村井 信広（むらい のぶひろ）26歳

年の瀬も迫った12月26日。15時00分，千葉県にある富士石油株式会社袖ケ浦製油所の岸壁を一隻のタンカーがゆっくりと離れていく。旭タンカー株式会社[*16]所属の「新旭東丸」[*17]だ。

千葉港停泊中の
「新旭東丸」

その1時間前，新旭東丸の機関室には，主機（メインエンジン）の始動準備をする二等機関士，村井信広の姿があった。荷役終了の20分前には主機の始動に備えターニング[*18]，シリンダーへの注油と各駆動部への手差し注油を行っている。機関部全員が機関室へ入室し，機関長は荷役終了と同時に主機を始動。船橋に移動した機関長がコントロールルームへ連絡し，操縦権をブリッジに切り替えた。そして15時00分，出港。その後は，千葉沖でバンカー[*19]

[*16] 旭タンカー株式会社：1951年創業。石油製品専門の内航・外航海運会社。内航社船11隻，用船による内航運航船舶100隻，外航社船7隻，外航運航船14隻。

[*17] 新旭東丸：2014年就航。3637総トン，タンク容量5499.726 kℓ，全長104.93 m，全幅16.00 m。満船時速力13.85ノット。

[*18] 船舶の大型のディーゼルエンジンは全体が暖まるまでに時間がかかり，冷えたまま動かすとエンジンの部分によって大きな温度差が出来て，エンジンが壊れる原因になるため，始動する前に外部動力による暖機が必要になる。このとき，電気モーターや小型のエンジンなどの外部動力で回転させてシリンダーを暖めることが「ターニング」。

[*19] バンカー（bunker）：船舶の燃料のこと。補油（燃料の補給）のこともいう。

（補油）の予定だ。出港後，機関長は船橋で主機関の回転と可変ピッチプロペラの翼角を調整し，一等機関士は機関室のコントロールルームで各種機器，モニターを監視。村井は機関室の見回り，監視の担当だ。

15 時 55 分，千葉沖で停泊すると，村井は荷役事務室で各タンクの計測，安全確認表の作成，各バルブの閉止確認などの準備を行う。燃料を積んだタンカーが本船に横付けされると，乗組員全員でホースの取り付けを行った後，燃料補給のために，バルブを操作し補給タンクへのラインをつくり，補油が始まる。この日の補油量は，A 重油 34 kℓ，C 重油 47 kℓ だ。

機関室で燃料油タンクの
油量をチェック

17 時 40 分，補油終了，揚げ荷のため小名浜港に向かって出航。機関室コントロールルームでは，一等機関士と村井がスタンバイ。エンジンがハーフアヘッドに上がったら，一等機関士の指示で村井が主機の燃料油を A 重油から C 重油に切り替え*20，さらにヒーティングのため熱媒油ラインを切り替える。C 重油は粘度が高く，ヒーティング（加熱）しないと使用できないためであ

*20 入出港時は A 重油を使用し，通常航海中は C 重油を使用する。4 サイクルディーゼル機関では，通常航海中の高負荷運転では低質油である C 重油での運転が可能であるが，入出港時は低負荷運転となるため，C 重油を使用すると燃焼不良により燃焼室やピストンリング，吸・排気弁や過給機などを汚し，性能を低下させ，最悪の場合エンジントラブルにつながるため，低負荷運転時は品質の高い A 重油へと切り替える。

る[*21]。航海速度に達すると主機のシリンダーへの油量調整を行う。船舶の主機はとても繊細であり，手間がかかる。順調な航海は，こうした細やかな機関室の支えがあって成り立つのだ。通常航海に移っても，村井の仕事は終わらない。主機が正常に動いているか，ビルジ[*22]残量のチェック，各タンクの油量・油温のチェック，発電機および主機の排気温度，冷却水温度と圧力，燃料圧力のチェックなどの重要な作業が残っている。

機関室で排気と
冷却水温度をチェック

村井は 1992 年 1 月，埼玉県で生まれた。幼いころから父親と一緒に川釣りに行くことが多く，その影響で魚が好きになった。中学卒業後，群馬県立万場高等学校の水産コースに進んだ。埼玉県には水産系の高等学校がなかったためだ。そこで小型船舶の資格を取得した。

もともと機械が好きだったことから，魚から船舶へと興味が移り，より大きな船への関心が強まり，岩手県にある国立宮古海上技術短期大学校へ進学。4 級の甲機両用海技士の免状を取得したが，やはり機械が好きで機関士の道を選

[*21] C 重油は，粘度が高いと適正な噴霧が得られないため，粘度が主機関入り口で 13～18 cSt（センチストークス，粘度の単位）になるよう 110～125 ℃の範囲で加熱し，粘度を調整して使用する。

[*22] 船底にたまる汚水。

んだ。

卒業後は，タンカーに乗りたいという思いからタンカー専門の旭タンカーへの就職を希望したが，採用枠がなく，2012 年，タンカー以外の機関士として勤務することになった。その後，2018 年，友人から旭タンカーが機関士を求めていることを聞き，すぐさま応募，採用が決まった。こうして 2018 年 6 月，念願かなって，タンカー勤務となったのだ。

「新旭東丸」での勤務体系は航海ごとに変更を余儀なくされるが，基本的には 8 時 00 分～17 時 00 分（12 時 00 分～13 時 00 分の 1 時間は休憩時間）の 8 時間勤務である。これに加えて M0[*23] 運転中に機関長，一等機関士，村井の 3 人で 1 回ずつ機関室の見回りを行っている。

船では，甲板部が操船と荷役を担当し，機関部は船を動かす主機，発電機，ボイラーやカーゴポンプの他に，燃料油や潤滑油などの管理・維持をする。また，船内の電気を供給し「船内生活を維持する」のも機関部の役割だ。船が順調に航海でき，乗組員が船内生活を快適に過ごせるのは機関部あってこそであり，重要な役割を果たす機関部の仕事に誇りを持っていると村井は話す。

「新旭東丸」サロンで
著者のインタビューを
受ける村井

[*23] M0 は Machinery space Zero people の略。M0（エムゼロ）船では，機関室に昼間は機関士が常駐するが，夜間は無人になる。

◇

千葉港を出港後，18 時 20 分，M0 運転に入ると，村井は 20 分ほどで夕食を済ます。この後は，22 時 00 分の見回りまで休みだが，機関室を覗き，ちょっとした片付けや掃除をしている。村井は，「作業をする前より作業後のほうがよりきれいになっているように」という先輩の教えを守り，作業場である機関室，コントロールルームはいつもきれいにすることを心掛けている。

22 時 00 分，夜の機関室の見回りが始まった。主機や発電機が正常に動いているかの確認の他，廃油焼却の集計，油記録簿の作成，燃料消費量の記録などを 1 時間ほどで行う。

12 月 27 日，村井は 6 時 00 分に起床し朝食を済ませた。

小名浜港入港 1 時間前（7 時 50 分の予定）にスタンバイしておくため，さらにその 1 時間前の 6 時 50 分に村井は機関室に移動し，すぐさま機関室の見回りを行う。

7 時 20 分，コントロールルームに移動。C 重油から A 重油への燃料の切り替えに備え，燃料油のヒーティングを止め，温度が 110 ℃になったら C 重油から A 重油に切り替える。

7 時 50 分，機関長よりブリッジからスタンバイの連絡が入った。機関室には一等機関士と村井の 2 人がおり，準備はすでに整っている。

8 時 50 分，小名浜港に入港，着桟。機関使用完了後，船橋で主機回転数を下げ，船尾（推進機）クラッチ脱，操縦位置をブリッジからコントロールルームに移した。主機回転数，船尾クラッチ脱確認後，主機前のクラッチ操縦盤にてクラッチ嵌合（かんごう），主機の動力を推進からカーゴポンプ駆動に切り替えると，いよいよ揚げ荷だ。荷役が始まると一等機関士はポンプルームに移動し，機関室は機関長と村井の 2 人に。主機，増速機の圧力チェックなどを 30 分ごとに行い，都度，トランシーバーで甲板上と荷役事務室で荷役を行っている乗組員と状況をやり取りする。荷役中，機関部は機関室とコントロールルームで，見回り，各機器の監視を行う。

◇

「新旭東丸」の船内設備は素晴らしい。個室すべてにバス（シャワー），トイレがついており，Wi-Fi も完備。自由時間，村井は DVD でドラマや映画を楽しむという。そんな恵まれた部屋であるが，そこにいることは少ない。きれい好きな村井は，休み時間にも機関室の掃除などをしているからだ。

村井の趣味は，バイクでのツーリングとスノーボード。1 か月近くある休暇中は，愛車のホンダの CB400 SF で，中学の同級生を中心とした仲間と，関東圏を中心に日帰りのツーリングを楽しんでいる。これまでで一番よかったところは，長野のビーナスライン。何度も訪れているが，毎回違う景色が楽しめるのだそうだ。

ちなみに，次の下船後の休暇では，ゴルフを始めるのだという。

秩父をツーリング中（左奥が村井）
（写真提供：村井）

◇

村井がタンカー勤務を希望するのは，貨物船などに比べて機関部の仕事が多く，役割が重要だからだ。その分，仕事はたいへんであるが，機械好きの村井にとってはそれも苦にならない。また，石油は，産業や日々の生活になくてはならないものであり，その輸送を担うことで社会に貢献できていると感じることができるのだそうだ。

そうは言いながら，やはり乗船中は緊張を強いられているのだろう，船員になってよかったと思う瞬間はと聞くと，「休暇に入るとき。下船してタクシーに乗る瞬間です」との答えが返ってきた。下船すると，仕事を無事に終えた解放感と休暇中のツーリングのことが頭をよぎるのだという。

一般的に，タンカーやケミカル船は仕事がきついという理由で船員に嫌われることが多いが，村井にとってはあこがれの職場であった。宮古海上技術短期大学校卒業時からの思いが6年越しでやっとかない，いま，念願のタンカーで勤務している。「これから，もっと技術を身に着け，機関長になりたい」と次の夢を語る村井。その目は，まっすぐに未来を見つめていた。

4 ▶ 船のクレーンに魅せられ，レントゲンからエンジンへ舵切り！ 渡邊 晶子（わたなべ あきこ）36歳

8月30日7時40分，JXTGエネルギー水島製油所の岸壁に着舷する船。白石海運所属のタンカー「大島丸」[*24]だ。艫（とも）に2人の姿がある。一等機関士と機関員の渡邊だ。係船ロープが固定されると，渡邊はすぐさまエンジンルームに行きメインエンジンを止める。これも渡邊の役割だ。

8時40分，荷役開始だ。荷役作業は乗組員全員で当たる。「大島丸」の乗組員は，船長，一等航海士，二等航海士，機関長，一等機関士，機関員（渡邊）の6人。荷役用のアーム[*25]は右舷，左舷に3本ずつ，それにホースが1本装備されている。アームが両舷にあるのは，船舶がどちらの舷で接岸しても荷役ができるためである。

船長以下，乗組員全員で細心の注意を払って3本のアームを操作，製油所から油を積み込む。今回の積み荷はBF380[*26]が720トンである。タンカーにお

[*24] 大島丸：白石海運所属。2016（平成28）年竣工。497総トン，全長59.98 m，積載容積1169 m^3，航海速力11.4ノット。

[*25] 船舶などから流体（石油など）を揚げ積みするための機械装置を「ローディングアーム」または単に「アーム」という。

[*26] BF（Bunker Fuel）380：船舶の主機に使われる燃料油。380（cSt）は動粘度（ドロドロ具

いて最も気を遣うのが貨物である油の揚げ積み作業である。油を一滴でも漏らすと海洋汚染につながるからだ。

10時30分，約2時間で積み荷が完了するとすぐに出航。主機の始動も渡邊の仕事だ。その後，艫の配置に着き，船長の指示で係船ロープを回収する。

10時40分，「大島丸」が静かに岸壁を離れる。今回の役割は，JXTGエネルギー水島製油所で船舶用燃料油を積み込み，この燃料油を福山のJFEスチールM岸壁に接岸中の貨物船「CAPE TSUBAKI」*27に補油することだ。水島を出航し，一路，福山のJFEスチールの製鉄所へ向かう。

CAPE TSUBAKI
（写真提供：川崎汽船株式会社）

渡邊は1982（昭和57）年5月生まれの36歳。岡山県で生まれ，父親の仕事の関係で5歳まで山口県で，その後3年前まで徳島県で過ごしていた。徳島県立小松島高校を卒業後，徳島大学医療技術短期大学部（現在の医学部保健学科）を経て，小松島市内の病院で診療放射線技師として10年以上勤務した。

小松島港は徳島最大の港でもあり，子供の頃から船は身近な存在であった。

合）を表しており，数字が大きいほど粘度が高い。現在，380 cStが主流。

*27 CAPE TSUBAKI：川崎汽船所属のばら積み船。JFEスチールの原料輸送に専用船として従事。全長292 m，幅45 m，最大積載重量18万2718重量トン。

あるとき，小松島のドック[*28]で働く友達の伝手で船を見学する機会があった。「ガット船」[*29]と呼ばれる大きなクレーンを備えた貨物船だ。そのクレーンに魅せられた渡邊は，船のクレーンを動かしたいという思いから船員を目指すことに。その頃，病院における放射線技師の人間関係に少し疲れを感じていたことも転職の決断を後押しした。渡邊 33 歳のときである。

ガット船
（写真提供：大川海運）

2016（平成 28）年，船員になるために国家資格取得を目指して波方海上技術短期大学校に入学。年下の仲間と 2 年間学び，2018 年 3 月無事卒業，4 級海技士（航海，機関）の資格を取得した。

航海士として，ガット船に乗り込みクレーンを操作することを夢見て，勉強してきた。しかし残念ながら，ガット船の女子の求人はなかった。そもそも女子船員の求人自体が少ない。渡邊はガット船をあきらめ，たまたま知り合いから「白石海運なら女子の採用も積極的」と聞き，早速応募。見事採用され，2018 年 4 月からタンカー「大島丸」の機関員として，第 2 の人生をスタートした。クレーンを操作したいという思いから，航海士を希望していたが，クレーンを動かせないなら，むしろエンジンのほうがいいと考え，機関士の道を選んだ。放射線技師の時代から機械には馴染んでいたことも理由だ。扱う対象は放射線装置から船舶エンジンへ，大いなる転身である。

[*28] 船舶の荷役や建造，修繕のために設けられた施設。

[*29] 砂，砂利，石材などの工事用資材を輸送する作業船。ガットと呼ばれるグラブバケット（貨物をつかむ装置）を装備し，揚げ地まで運んで自船で揚げ荷するのが特徴。

水島を出航した「大島丸」は，福山のJFEスチールを目指していた。天気は曇り，瀬戸内海は穏やかだ。航海中は，機関室（エンジンルーム）も当直があり，機関士・機関員の3人が交代で当直に入る。しかし，「大島丸」は燃料油だけでなく，他の石油製品を積むこともある。また，行き先もさまざまで，比較的短い航海が多いため，一般的な4時間ごとの当直体制ではなく，行き先や航海時間を勘案して，その都度船長が決めている。4時間のこともあれば2時間で交代することも。

水島から福山までの距離は36マイル（海里），およそ4時間の航海だ。出港後，渡邊が機関当直に入る。その後2時間で一等機関士と交代する。昼間の当直は夜間当直に比べると比較的楽で，0時～4時の当直がとくにきついと渡邊は話す。一人での夜間当直は眠気との戦いになることも多く，お腹も空く。渡邊は，夜間当直では，少なくとも2時間に1回の割合でブリッジに顔を出す。ブリッジも当直は一人。眠いのは自分だけではない。自分の眠気覚ましとブリッジの当直航海士への陣中見舞いを兼ねて行き来しているそうだ。瀬戸内海の風景は素晴らしいが，機関室からは景色が見えないので，夜間，ブリッジで当直中の航海士とコーヒーを飲みながら少しおしゃべりをし，気分を一新して機関室に戻り，交代まで集中する。

航海中には，機器の手入れやペンキ塗りなどの雑務があるが，夜の当直ではそうした雑務もないため，渡邊はひたすら機関室の掃除に精を出す。「大島丸」はいつもピカピカ。船内にゴミが落ちていることなどないという。

その秘密は，掃除当番という「大島丸」独自のルールにある。船長を含めて乗組員6人が，月曜日から土曜日まで，それぞれ1日ずつ掃除当番を担当している。基本的に全員きれい好きなので，当番制に不平を言う者はいない。日曜日はボランティアで行っているそうだ。

渡邊は入社後の研修を終え，4月半ばに乗船してからおよそ5か月が過ぎた。初めての乗船勤務は緊張したが，みんな優しく，業務を一から教えてくれるなど，スムーズに仲間入りすることができたと振り返る。

渡邊の役割の一つに，入港時，艫で係船ロープを陸上に渡し，固定してもらう仕事がある。ヒービングライン（heaving line）という着岸時に使う投げ縄で，細いロープの端へ太い舫（もやい）ロープをつないであり，岸壁に投げて使う。ヒービングラインの先端には錘（おもり）がついており，これを振り回して岸壁の綱取りを担当する人に投げるのだ。陸上では，受け取った細いロープを引いて，ビット*30 などへ掛ける。ヒービングラインに錘のついたものを「レッド」と呼ぶ。渡邊は，まだレッドをうまく投げられないと悔しそうに話す。きちんと陸上の綱取りのところに届くように投げなければならないのだが，なかなかうまくいかないそうだ。いまのところ，艫で一緒に作業をする一等機関士に頼っている状態であり，一日も早く，自分でレッドを使いこなせるようになりたいというのが，渡邊のいま一番の目標である。

左：清水張水中の渡邊
注）清水張水は，生活水を陸上から積み込むこと。
右：レッドとヒービングライン
（写真提供：白石海運）

船の生活は快適だ。女性であることは自分も周りもまったく気にしていないという。もちろん，船室は個室で，テレビも冷蔵庫もある。バスは共用，トイレは 2 か所あり，男性用と女性用に分かれている。実は，「大島丸」は乗組員

*30 船を岸壁にとめるときにロープを巻きつけるフック。

6人のうち，航海士2人と渡邊の3人が女性で，航海士は2人とも渡邊よりも若い。しかし，渡邊は新人として貪欲(どんよく)に彼女たちからも知識を吸収しようとしている。

荷役作業中の渡邊
タンクのなかの重油の残量を目視している
（写真提供：白石海運）

「大島丸」の主要な仕事は，外国航路に就航する大型貨物船への燃料油の供給である，1日で積み，揚げ，また積みという連続荷役をすることもあり，休む暇もなく作業が続くこともある。そういうときは，食材の買い物もままならない。船長はスケジュールを見ながら，空いた時間にはできるだけ接岸して船員が上陸できるように工夫をしてくれるという。そのときに食料品の買い出しをするのだが，接岸する場所によっては商店まで距離があることも。そのような場合に備え，船には6台の自転車が積み込まれている。

食事は，船員にとって大きな楽しみの一つ。「大島丸」では，1か月ごとに会社から支給される食費をプールして，まとめて買い物をしている。忙しいときには，各自交代でレトルト食品やパン，あるいはみそ汁とご飯だけで済ますときもあるが，通常は料理上手な船長がメイン料理をつくってくれるので，その他でご飯を炊く人，みそ汁をつくる人，副菜を用意する人と分担し，食事を準備している。ちなみに，渡邊の得意料理は酢の物だそうだ。

◇

8 月 31 日，福山港。JFE スチールの M 岸壁に「CAPE TSUBAKI」が接岸した。全長 292 m という巨大船だ。海側から「大島丸」を横付けし，係船ロープで「CAPE TSUBAKI」と固定する。2 人が「CAPE TSUBAKI」に乗り込み，「大島丸」のホースとつなぎ，残りの 4 人でバルブを操作し，燃料油を移す準備をする。その後，2 隻を囲むようにオイルフェンス*31 が張られ，補油が始まった。渡邊はバルブの作業を担当。荷役は開始からおよそ 4 時間で終了。オイルフェンスの回収を待って，「大島丸」はゆっくりと「CAPE TSUBAKI」から離れ，次に燃料の補給を待つ船へと向かう。

渡邊の両親は岡山県在住だが，渡邊は愛媛県今治市の波方に住んでいる。波方海上技術短期大学校時代の下宿に卒業後も引き続き住んでいるのだ。引っ越しが面倒だというずぼらなところもあるようだ。

小・中・高校と卓球，そして大学ではバレーボールと，どちらかと言えば体育会系の渡邊。最近は，昼寝をすることが何よりの楽しみだという。休暇中は，ひたすらお酒と海外旅行に時間と給料を費やしているようだ。ベトナムやタイなどアジアの国々が好きで，小松島の飲み友達と年に 1，2 度は海外旅行へ。とくにビーチが好きで，タイのラン島がよかったと振り返る。

波方から引っ越さないのは，行きつけの飲み屋があるのも理由の一つ。小松島にも贔屓（ひいき）の店があり，休暇中は，いまでも小松島の友達と連れ立って訪れている。一人もいいが，やはり気の置けない友達とのお酒は格別。飲むのはもっぱらビールと焼酎だそうだ。

渡邊の給料には，36 歳という年齢は加味されない。陸上での経験も考慮されない。あくまで会社で定めた初任給である。ただし，4 級海技士の資格を持っているので，白石海運では免状手当というのが加味される。

---

*31 石油類などが事故などによって河川，湖沼，海などの水面上に漏洩・流出した場合にその拡散を防止する目的で水域に展張する浮体。

給料について，渡邊に不満はない。乗船中はいろいろ手当が加算されるので，それなりの手取り額になる。陸上での仕事に比べれば決して悪くない。

渡邊の現在の役職は機関員であり，職員扱いではない。入社して半年経っていないため研修期間ということもある。これはどこの会社でも同じような扱いで，白石海運の白石取締役によれば，海難防止訓練が終了すれば，職員として乗船するのだという。「大島丸」は，機関士は機関長と一等機関士の 2 人体制のため，職員として乗船することになれば一等機関士扱いで，給料もそれに応じて上がることが期待できる。そして，そこから 3〜5 年の経験を積んで，機関長への道が開ける。

いまは，どんな仕事をしていても面白いと感じると話す。毎日，新しい知識を得ながら，仕事を楽しんでおり，転職してよかったと心から思っている。

渡邊の将来の夢は，機関長になること。これから技術と知識を増やして，機関長として活躍するのが目標だ。まずは間もなく一等機関士としてデビュー。経験を積み 40 歳の誕生日を迎えるころには機関長渡邊が誕生しているかもしれない。

彼女の言葉や表情からは，船の仕事を心から楽しんでいるのが伝わってくる。「船に女子船員がいることで船内が明るく仕事が楽しくなることを，これから船員になろうとしている人に知ってほしい」というのが渡邊の願いだ。

5 ▶ 小さい体で力持ちのタグボートに憧れて船員に!

永井 康夫（ながい やすお）35歳

やっと夜が明けた 3 月の早朝，午前 6 時。神戸大橋を本州側からポートアイランドに渡ってすぐのところにあるタグボート基地に停泊する早駒運輸所属のタグボート「早雄丸」に 4 人の乗組員が顔をそろえた。そのなかの一人が一等航海士永井康夫だ。

6 時 10 分，永井が無線を取り上げ，神戸タグ協会を呼び出す。「06:50 “MOL Mission” PC17，パイロットは草間さんです」と協会から指示。この日の最初の仕事は，PC（ポートアイランドのコンテナターミナル）17 に着岸するコンテナ船「MOL Mission」の着岸の支援だ。神戸沖で 6 時 50 分に本船と合流。

「MOL Mission」は北米東海岸航路に就航する商船三井所属の大型コンテナ船。全長 302 m，幅 42 m，7 万 8316 総トン，コンテナ（20 フィート換算）を 6724 個積載できる超大型船である。

船は前に進むとき，舵を使うことで船尾を左右に振ることはできるが，船首を左右に振ることは難しい。そのため，最近のコンテナ船などの大型船は船首部分に「バウスラスター」という横向きに付いたプロペラを装備している。この「バウ」は船首を意味する。それでも大きな船体を自由に操り，安全かつスムーズに岸壁に着けるのは難しい。そこで，押したり引いたりして大型船の離着岸を支援するのが曳船（えいせん）とも呼ばれるタグボートである。そのため，タグボートは，小さな船体にもかかわらず大馬力のエンジンを備えている。また，本船の細かな要望に応えられるように，推進機は 360 度回転する特殊なものを採用している。「早雄丸」は，199 総トン，全長 30 m，幅 10 m という小さな船体に 3600 馬力という大きなエンジンを搭載している。

基地に停泊中の「早雄丸」

6 時 15 分，「MOL Mission」との合流地点に向かい出航。ブリッジ（操舵室）は和やかな雰囲気だ。朝靄のなか，視界の先に大型コンテナ船が姿を現した。

6 時 50 分，「MOL Mission」の草間パイロット（水先案内人）から無線連絡が入り，「早雄丸」の乗組員が配置に着く。1万総トン以上の大型船の入出港に際しては，パイロットの乗船が義務付けられており，タグボートへの指示はパイロットが行う。パイロットとの無線連絡は一等航海士永井の役割だ。その指示に従ってタグボートを操るのは船長，本船とタグボートを結ぶロープをつなぐ作業は機関長と機関士が行う。

7時，「MOL Mission」と並走してPC17に向かい，7時05分，「早雄丸」と本船の艫（船尾）をロープで結んだ。7時10分，岸壁に近づき，パイロットの指示で「早雄丸」が後ろに引っ張り，ロープがピンと張り詰めた。後ろに引っ張ることにより，本船の方向転換を助けるのだ。パイロットからの指示で，右に回りラインを緩めると，さらに次々とパイロットから指示が出る。

パイロット「頭着け」。

永井が「頭着け」と復唱し，船長は指示に従い操船。

パイロット「ハーフで押せ」。

永井が復唱し，船長が操船。

パイロット「スローダウン」。

永井も「スローダウン」を復唱。船長がエンジンをスローダウンに変更。

パイロット「早雄丸，いったんストップ」。

永井「いったんストップ」，船長がタグボートを停止させる。

パイロット「早雄丸，もう一度頭着け」。

永井「もう一度頭着け」，船長がタグボートの船首を本船に着ける。

パイロット「早雄丸，デッドスロー，半分押せ」。

永井「デッドスロー，半分押せ」，船長が指示どおり操船。

こうしたパイロットとのやり取りが続き，寸分狂いなく岸壁に接岸させた。パイロットの指示に従い微妙な操船を行うには高度な技術が要求されるため，これは経験を積んだ船長の役割である。

7時50分，「MOL Mission」がPC17に接岸完了。「ライン離したら作業完了」とパイロットから無線の連絡が入り，7時55分，ラインを離す。パイロットから「作業終了。ありがとうございました。さようなら」と無線が入り，永井も「ありがとうございました。さようなら」と挨拶を交わす。

その後，永井は無線で神戸タグ協会に作業終了を報告。協会からは，次の作業予定が知らされた。次の作業は，PC18 で荷役中のコンテナ船「Annette-s」（2 万 6374 総トン）が正午，出航するに当たっての離岸の支援だ。

それまでは，つかの間の休息。「早雄丸」は基地に針路をとった。作業場への往復時には，船長に代わって永井が操船をすることも多い。

8 時 20 分，基地に戻ると，次の作業まではペンキ塗りなど保守作業に充てる。

「MOL Mission」と「早雄丸」

「早雄丸」ブリッジで
パイロットと無線で交信する永井

永井は，1983（昭和 58）年，兵庫県に生まれた。県立神戸高塚高校を卒業後，およそ 10 年間，父親の経営するビルのメンテナンス会社で働いた。その後，加古川で係船ボートの仕事に就いた。加古川の神戸製鋼で小型船による係船やオイルフェンスを張るのが主な仕事であった。途中，小型船舶 1 級の資格を取ったことで，4 年半勤めたうちの後半 2 年くらいは操船を任せてもらえるようになった。小型船舶 1 級があれば 20 総トン未満の小型船の操船ができる。

加古川には神戸製鋼向けの大型船が入る。永井は，その大型船の離着岸を早駒運輸のタグボートがいつも手助けしている姿に魅せられ，いつか自分もタグボートを動かしてみたいと思うようになった。そして，タグボートに乗りたい一心で，休日を利用して5級海技免状を取得したのだ。

「早雄丸」事務室にて

免許を取得してすぐ，32歳で係船ボート会社を退職。再就職先が決まっていない状況での退職である。すでに，2人の子供を抱えていた。神戸で何とかタグボートに乗りたい。そして，退職から2か月後，やっと早駒運輸の採用が決まった。普通科高校卒業，ビルメンテナンス業からまったく異なる分野の船員という職業に就いたこと，独学で海技士の資格を取得したという点がすごい。2年前には4級海技士の資格を取得しているが，過去問やインターネットにより独学で勉強したという。タグボートに乗りたいという執念の結果かもしれない。永井は「憧れのタグボートに乗っている自分を誇りに思う」と語る。

早駒運輸に入社して3年目。4人の乗組員のなかでは一番若手だ。まだまだ経験が浅く，周りの先輩から学ぶことは多く，毎日が勉強だという。

憧れのタグボートの世界だが，苦労したこともあると語る。一つは，本船との無線でのやり取り。通常はパイロットとのやり取りであるが，たまに1万総トン以下の船でパイロットの乗っていないケースがある。いわゆる「ノーパイロット船」。そのとき，外国人船長とのやり取りは英語だ。たとえば「Push（押せ）」や「Pull（引け）」といった単語で指示してくれればよいが，会話的な指示も多く，わからないときは何度も聞き返すことになる。そのため，時間のロスも出てくる。

もう一つは，船での昼食。一日タグボートのなかで過ごすので，昼食は船内で食べることになる。入社当初，昼食は全員が船内で料理するという習慣があり，永井は料理ができなくて困ったという。最初はみそ汁もつくれなかったそうだが，いまでは簡単な料理はつくれるようになった。その後は，みそ汁と白飯だけ船で用意して，他は弁当をつくってきたり，コンビニで買ったり，個人に任されるように変わったということだ。食事については，会社や船によって習慣が異なっている。

早駒運輸のタグボートは全 10 隻。神戸，姫路，加古川，水島に基地がある。神戸の基地には 3 隻。神戸港で仕事をするタグボートは，早駒運輸の 3 隻を含めて 8 社，17 隻あり，この日のタグボートを使う入港船は 22 隻，出航船は 19 隻。なかには 2 隻のタグボートを使う船もある。神戸タグ協会が 17 隻のタグボートに振り分けて，一つの仕事が終了すると，また次の仕事が割り振られる仕組みだ。

勤務は原則，朝 8 時 30 分出勤，16 時 30 分解散である。実際には，朝夕の入出航船が多いことから，タグボートの仕事も朝と夕方が忙しい。そのため，この日のように朝 6 時 15 分出勤の早出が多い。解散も，その日の入出港隻数などによって大きく変わるため，当日にならないとわからないことが多い。定時に仕事が終わることは少ないが，それでも多くは 17 時か 18 時ごろには解散になるという。

当直と称した勤務で午前零時を超えた場合は，その次の日は休暇になる。こうした当直は月に 2，3 回あるそうだ。自宅から通勤できるのは，他の内航船での勤務と大きく異なる点である。また，休みは船ごとに前もって振りあてられ，月に 9 日与えられる。有給休暇は年 20 日，早駒運輸では社を挙げて積極的消化を推奨しており，子供の学校行事などには有給休暇を利用して参加できる。

仕事の性格上，残業時間は 1 か月当たり 50～70 時間と比較的多い。また，航海手当，乗船手当や食事代の支給もあり，手取り給与は一般企業に勤務する人に比べればかなり多いようだ。

基本的に乗組員は基地のタグボートに集合，解散となり，終日タグボート上で過ごす。一等航海士の永井は毎朝，基地の近く，神戸タグ協会と同じ建物にある早駒運輸の事務所に立ち寄り，その日のスケジュール表と新聞を受け取る役目を担っている。

午前 11 時，神戸タグ協会から無線連絡が入った。「12 時，PC18，パイロットは小久保さんです」。それを受け，11 時 18 分，永井はタグ基地を出航。本日 2 隻目の仕事だ。

11 時 18 分，PC18 に到着。

11 時 40 分，パイロットから無線連絡が入り，コンテナ船「Annette-s」とタグボートのラインをつなぐ。本船は陸上の係船索を解き，出航準備完了だ。

11 時 46 分，タグボートの作業を開始。アスターン（後進）で本船を引っ張り，少しずつ岸壁を離れ，後ろ向きに徐々に進み始める。その後，タグボートが後ろから引っ張ることで本船は港内で旋回，方向を変える。この間，パイロットから無線で次々に指示が出て，その都度，永井が無線で復唱，船長がタグボートをコントロールする。

12 時 3 分，作業が終了し，ラインを切り離すと，永井は無線を通じてパイロットと挨拶を交わし，帰路に就いた。

12 時 5 分，永井が神戸タグ協会に無線で作業終了を報告すると，協会から次の作業指示が出た。「18:30，甲南埠頭，“Ikan Jebuh”（2 万 1483 総トン）」とのこと。

続いて早駒運輸繋離船センターから「午後 1 時 30 分に兵庫突堤で 3 日後に取り換える部品を積み込むように」と指示があり，兵庫突堤に向かう。

12 時 35 分，兵庫突堤に到着。兵庫突堤はバナナ埠頭で知られており，この日も，デルモンテのバナナ運搬船が停泊していた。

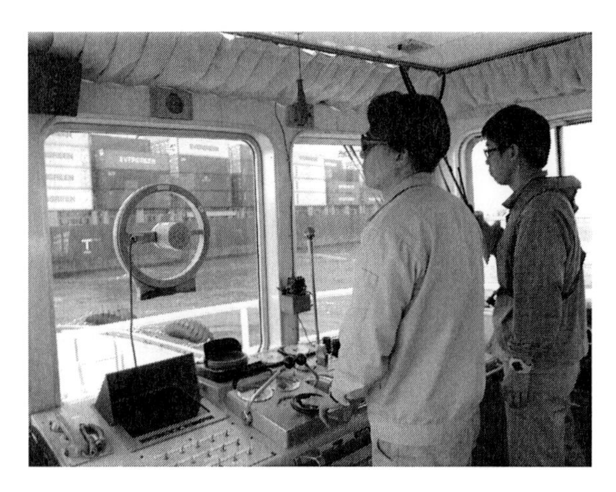

「早雄丸」ブリッジにて
手前は船長，奥が永井

ここでランチタイムだ。コンビニ弁当，レトルトパックなど，各自さまざまだ。みそ汁と白飯は船で用意されている。

13 時 30 分，業者が運んで来た交換部品をトラックのクレーンを使って積み込み，基地に移動。18 時 30 分の次の作業までは，ペンキ塗りや繋離船センターとの打ち合わせだ。

14 時 15 分，神戸タグ協会から追加作業の無線連絡が入った。「午後 4 時 30 分，RL-1 岸壁，“SALOME”」。

16 時，永井は基地を出航。16 時 20 分，RL-1 に到着し，すぐさま作業を開始した。16 時 50 分，無事作業完了し，17 時 10 分，基地に到着。

18 時 10 分，予定より少し早まった甲南埠頭での「Ikan Jebuh」の離岸の支援作業を終え，基地に戻った。この日は 4 隻の離着岸船の支援作業を行った。

19 時 5 分，ようやく解散。明日も午前 6 時集合と，早朝から仕事が待ち構えている。永井は家族の待つ自宅へと帰路を急いだ。

6 ▶ 人一倍人見知りだった少女が，皆に愛される船上スタッフに！

定益 春香（じょうます はるか）28歳

5月15日，新潟港に停泊する大きな白い船体。新日本海フェリー所属の「あざれあ」[*32]だ。午前11時10分，ターミナルと船を結ぶボーディングブリッジを通り，船客の乗船が始まった。船のゲートではパーサー（事務長）ともう一人の船客部門のスタッフが乗客を迎える。案内所カウンター内にいる2人の女性船客部スタッフが船客に部屋のカードキーを手渡し，部屋の等級変更にも笑顔で応じる。その一人が，定益春香28歳。笑顔が素敵で，姿勢の良い凛とした立ち姿が印象的だ。

案内所（フロント）で
船客の対応をする定益

11時45分，出港の銅鑼が船内に鳴り響いた。続いて船内アナウンスが流れる。「本船は，ただいま新潟港を出港しました。ただいまの時間をもちまして車両甲板は立ち入り制限区域とさせていただきます。……」定益の声だ。いつものアナウンスはメモを見る必要もない。イベント情報など，船客へのお知らせも，案内所のスタッフの役割だ。

12時，船内の売店がオープンした。定益は売店に移り，レジに立つ。定益の

[*32] あざれあ：2017年6月竣工（三菱重工下関造船所），1万4125総トン，全長197.5 m，幅26.6 m，速力25ノット，積載能力は船客600人，乗用車22台，トラック150台。

所属する船客部の仕事は，大きく分けて 3 つ。フロント（案内所担当），ホール（レストラン担当），ショップ（売店担当）である。船客部全体を統括するパーサーの下に，それぞれの部門にマネージャーがいる。

サービス時間のご案内　らべんだあ・あざれあ

NIIGATA　OTARU 11：45発 → 翌日04：30着 新潟 ⇒ 小樽	Facilities 施　設	OTARU　NIIGATA 17：00発 → 翌日09：00着 小樽 ⇒ 新潟
乗船時～22：00 翌朝　入港1時間前　より	Information 案内所 （4F）	乗船時～22：00 翌朝　08：00　より
[昼食] 12：00～13：30 （13：30ラストオーダー） [夕食] 18：00～19：30 （19：30ラストオーダー）	Restaurant レストラン （5F）	[夕食] 17：30～19：30 （19：30ラストオーダー） [朝食] 06：30～07：30 （07：30ラストオーダー）
[ランチ] Lunch　12：00まで受付 [ディナー] Dinner　14：00まで受付 お食事時間は、ご予約時（案内所にて） ご案内させていただきます。	Grill グリル （5F）	[ディナー] Dinner　17：30まで受付 お食事時間は、ご予約時（案内所にて） ご案内させていただきます。
11：00 ～ 12：00 13：30 ～ 14：30 19：30 ～ 21：00	Cafe カフェ （5F）	乗船時 ～ 17：30 19：30 ～ 21：00 翌07：30 ～ 08：30
11：00 ～ 13：30 16：00 ～ 18：00 19：30 ～ 21：00	Shop ショップ （5F）	乗船時 ～ 21：00 翌07：30 ～ 08：30
乗船時 ～ 22：00 （但し、露天風呂開放時間は、 出港30分後となります）	Bathhouse & Sauna 大浴場・サウナ （6F）	乗船時 ～ 22：00 （但し、露天風呂開放時間は、 出港30分後となります） 翌06：00 ～ 08：00
乗船時 ～ 22：00	Sports Corner スポーツルーム （6F）	乗船時 ～ 22：00
12：00 ～ 21：00	Amusement Room アミューズボックス （4F）	17：00 ～ 21：00
乗船時 ～ 22：00	Game Room ゲームルーム （4F）	乗船時 ～ 22：00
22：00 （一部の照明を残して消灯）	Lights out 消　灯	22：00 （一部の照明を残して消灯）

営業時間は変更する場合がございますので放送にてご案内いたします。　2018（4/1－）
消灯後は、案内所に緊急用電話を設置しております。
Opening time of Restaurant and Grill would be changed by Sea Condition.
We are installing the telephone for urgent in an information desk counter after putting out lights.

（提供：新日本海フェリー「あざれあ」）

船客部のスタッフは基本的にどの仕事もこなす。定益はこれまでフロントが中心であったが，入社 10 年目の今年，5 月 1 日付でショップマネージャーを任されることになり，ショップに入ることが多くなった。毎日，パーサーが船客数を勘案して船客部のスタッフの仕事の割り振りを行う。定益はこの航海では 10 時 30 分から 12 時までのフロント業務の後，基本的にショップ勤務となっている。船客の数が多いときには，レストランへヘルプに入ることもあるそうだ。

ショップの営業時間は季節によって異なり，この航海では，12 時～13 時，16 時～18 時，19 時 30 分～21 時となっている。「あざれあ」の乗組員は，運航部門（甲板部，機関部）が船長以下 21 人，船客部門はパーサーを含めて 14 人（うち女性 7 人）で，繁忙期のみ船客部門は若干人数を増やすそうだ。船客部のスタッフは，新日本海フェリーの 100％ 出資会社，新日本海サービス株式会社の所属である。

◇

新潟港に停泊中の
「あざれあ」

「あざれあ」は，新潟–小樽間 692 km をおよそ 17 時間で結んでいる。この日の船客は 180 人，40 台のトラックと 80 台の乗用車を載せていた。時速は 40 km を超えるスピード。天候は曇り，海は穏やかで，揺れることもなく静かに日本海を進む。粟島（新潟県）や飛島（山形県）などの島を過ぎ，夕方 17

時 30 分頃，右手に男鹿半島が見えてきた。定益が生まれ育った故郷だ。中央部に寒風山（335 m）がそびえ，半島の付け根には八郎潟が広がっている。日本海に突き出た突端が断崖絶壁になっており，両脇に長い砂浜が続くといった特異な存在から，とくに「北前船」の船乗りや漁師，海事関係者にとって海路の目印として信仰深い場所だ。

男鹿半島
（出所：新日本海フェリーHP）

21 時過ぎ，左手に大島が見えてきた。いよいよ北海道だ。

「現在，本船は大島沖を航行中です。午前 4 時 30 分定刻に小樽港入港予定です。消灯は午後 10 時……」船内アナウンスが流れる。

「あざれあ」は，奥尻島（23 時 09 分），茂津多岬（2 時 14 分），神威岬（2 時 24 分），積丹岬（2 時 36 分）を過ぎ，午前 3 時 45 分，小樽港外に，そして 4 時 30 分に着岸した。トラック運転手や乗用車での船客は着岸すると同時に下船するが，一般船客は，早朝で電車もまだ動いていないため，着岸後もすぐに下船する必要はない。8 時頃までゆっくり滞在することができるうれしいサービスだ。

定益は 1989 年，秋田県男鹿半島生まれの 28 歳。生後間もなく父親の仕事の関係で滋賀県に移るも，小学 5 年生のときに再び男鹿半島に戻って来た。高校は秋田県立男鹿海洋高等学校に進学する。同校は，秋田県立海洋技術高等学校と秋田県立男鹿高等学校が統合し，2004（平成 16）年 4 月 1 日，新たに開

校した。普通科，海洋科，食品科学科の 3 つの学科があるなか，定益は普通科で学んだ。高校時代は柔道着に憧れて柔道部に所属，黒帯（初段）の実力を持つ。ちなみに得意技は背負い投げだ。しかし，当時の定益は無口で人見知りで，誰とでも気軽に話ができるような性格ではなかったという。

3 年生になり就職を考える際，故郷である秋田を離れずにできる仕事はないかと探していたときに，柔道部の顧問が海洋科の先生で，「船の乗組員ならどこに居住してもいいぞ。それに船客部なら資格もいらない」と教えてくれたのがきっかけでフェリー会社を選んだ。入社後は，レストラン，ショップの仕事が中心で，3 年目からフロント担当になり，現在，入社して早 10 年を迎えた。

当初は，秋田に住めるからという理由でフェリー会社を選んだのだが，現在は札幌に住んでいる。

フロントの仕事は，乗船時のカードキーの手渡し，等級変更やレンタル品の貸し出しなど，船客の対応が主である。船内は同じような部屋が並んでいるため「自分の部屋がわからなくなった」，あるいは「ショップやレストランの営業時間を教えてほしい」「Wi-Fi がつながらない」といったことへの対応がほとんどだ。「船は揺れない？」と心配そうに尋ねてくる船客もいるという。

定益は，数年前のある老婦人とのやり取りを思い出した。通常，海上では波が 3 m を超えると船酔いの船客が増える。その日は荒天で，船の横揺れが始まったころ，一人の老婦人が青い顔をしてフロントにやって来た。「揺れに耐えられないので船を下りたい。何とかして！」と懇願されたので，船は安全な乗り物だということを何度も必死に説明すること 15 分。老婦人は何とか部屋に戻ってくれたという。

船の揺れと船酔いは定益にとっても他人事ではない。入社したての頃は，船の揺れにびっくりすることの連続だった。もし船酔いしても，仕事は待ってくれない。何とか我慢を重ねているうちに，いつの間にか船酔いにも慣れてしまった。いまでは，後輩に「船酔いは気の持ちかた次第」と助言をしている。

船客部のスタッフには「オールワッチ」という当直がある。原則 24 時間対応のため，必ずつねに一人は深夜もフロントで待機する。午後 10 時の消灯以降，フロントは静かになるが，船室はオートロックのため，時々，鍵を部屋に忘れたという船客が訪れる。また，時には酔っぱらって転んで怪我をした船客に出会うこともあるそうだ。

グリルにて

船が目的地に着いて船客が下船した後，船室は清掃業者によって清掃されるが，その点検は船客部の仕事だ。

また，フロントの役割は，船客に快適に過ごしてもらうことであり，その応対がスタッフの役目である。定益は，フロント業務において船客に対応するとき，「お客さんは船のことがわからない，という前提で対応する」と話す。乗客は初めてフェリーに乗る人が多いが，フェリーはホテルと違って公共スペースと居室が同じフロアにあるため，わかりにくいようだ。だから，船客の質問にはていねいに優しく答えることを意識しているという。笑顔を絶やさない定益は，いつも周りを明るくする。高校時代に人見知りだった性格が信じられない。定益は，この仕事に就いて，多くの人に接し，見られることで，自分の性格が明るく外交的になったと感じている。内面だけでなく，歩く姿，立っている姿勢がとても美しいとほめられることもあり，自分では意識していないが，仕事柄，いつも他人から見られているからかもしれないと分析している。

さらに，レストランにも船客部の仕事がある。基本的にフェリーのレストランはセルフサービスで，レジ打ちや食品の追加は船客部のスタッフが行い，料理は専門の調理師が担当する。レストランの営業が終了するころにオープンするカフェもレストラン部門が担当している。このように現在のフェリーのレストランはほとんどがセルフサービス方式をとっているが，新日本海フェリーは本格的なレストランも備えている。同社は小樽にホテル「オーセントホテル」を所有しており，そのホテルが監修したメニューで本格的な和洋の食事を提供している（事前予約制）のだ。このレストランに予約客があるときには，船客部のスタッフがサーブしている。

定益に5月1日付でショップマネージャー昇進の内示があったのは昨年末のこと。これまでフロント業務が中心であったが，ショップのヘルプに入ることも多く，仕事内容はわかっている。しかし，マネージャーとしてショップの運営に責任を持つとなると，やはりいままでとは訳が違う。売り上げを伸ばし，会社の業績向上に貢献することを考えなければいけないのだ。

ショップで船客に
商品の説明をする定益

定益は，ショップマネージャーの内示を受けた日から，どうしたら売り上げを伸ばすことができるかを考えてきた。休暇中には，何度も新千歳空港に足を運んだ。どのような商品が売れるのか観察するためだ。また，新日本海フェリーには合わせて 8 隻のフェリーがあるので，休暇中に他の船も訪れ，それぞれで売れる商品が違うのかなど，情報交換と分析を行った。その結果，売れ筋商品の投入と売りかたが重要との考えに至ったという。

定益は早速，新商品として，オリジナルグッズの開発に力を注いだ。本社の協力を得て，T シャツなどのオリジナルグッズを投入。売りかたについては，オリジナルグッズを前面に出すことにした。時には，定益自身がオリジナル T シャツを着て店頭に立った。商品をアピールするために，ポップも制作。内示から辞令の交付まで時間があり，ショップマネージャーになる前から着々と準備を進めていたおかげで，すでに売り上げは好調に推移，成果が上がっている。自分で考え，実行して，その成果を実感できるということに，定益はいままでにない新たな充実感を覚えている。

ショップで目を引くポップ

居住区や従業員食堂など，従業員用の施設は 4 階のフロントの奥にある。乗船中は基本的に 8 時間勤務で，オフタイムの楽しみの一つは食事だ。従業員用の食事は船客のレストランとは別に専門の調理師がおり，味，ボリュームとも，乗組員の評価は高い。メニューは毎回異なり，同じものを出さないという料理人のプライドがうかがえる。

食堂では食事をするだけでなく，船客部の同僚や甲板部，機関部など他の部署の人たちと話す機会もある。定益は，引っ込み思案（じあん）だった昔の自分からは考えられないほど，誰とでも気軽に屈託なく話ができている自分に，ときどき驚くという。フェリーで人と接する仕事に就いた賜物と言えるだろう。

休憩中
食堂で同僚と談笑

乗船中，定益のオフタイムの楽しみは，DVD を見ることと本を読むことだ。休暇が終わり乗船する際には，いつも本と DVD を持ち込んでいる。DVD はアクションムービー，そして本はミステリーが中心で，日本，外国を問わないそうだ。

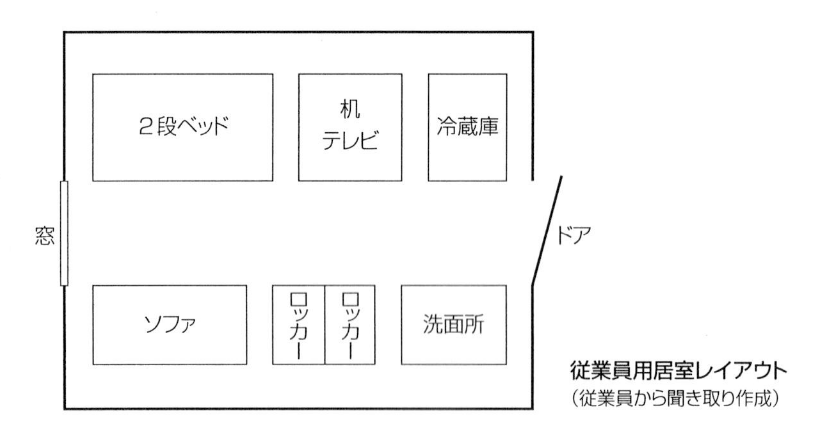

従業員用居室レイアウト
（従業員から聞き取り作成）

従業員の居室は，女性用の専用区画があり，女性しか立ち入ることはできないようになっている。各居室には，ライティングデスク，冷蔵庫，テレビ，洗面所，ロッカーが備え付けられている。基本的に一人一部屋であるが，繁忙期にアルバイトの応援を頼むと，女性用の部屋が足りないため一時的に一部屋に2人となることがある。そのため，ベッドは2段ベッドになっており，ロッカーも 2 つある。洗濯室には洗濯機以外に乾燥機もあり，制服以外は自分で洗濯，会社貸与の制服は下船時にクリーニングに出している。

定益は，同社の 20 日勤務（乗船），10 日休暇という勤務体系が気に入っている。というより，自分に合っており，いまさら普通の会社員のような 5 日働き 2 日休むという勤務体系は無理とさえ思っているそうだ。

オンとオフが明確に分かれており，まとめた休みがあるのもうれしい。

定益は入社以来，休暇を利用して日本全国 47 都道府県制覇を目指した旅を続けている。現在，43 都道府県を制覇，残りは四国の 4 県を残すのみ。全国制覇は目の前だ。

休暇中，旅行以外に，自宅の近所で女将さんが一人で営業している焼き鳥屋に通うのが日課だ。カウンターだけで 10 人も入れば満席という小さな店。決してきれいな店とは言えないが（女将さんゴメンなさい！）料理は抜群に美味しい。いつも一人で訪れるが，客の多くは常連さんのため，居心地もいい。定益はビールと日本酒をこよなく愛し，ビールは黒ラベル。日本酒は辛口派で，新潟の〆張鶴がお気に入り（うーん，まだ 20 代とは思えないチョイスだ）。自分でも，結構こだわりが強い性格だと気付いているという。

定益は，いまの仕事が気に入っている。給料はいいし，乗船中はお金を使うこともない（休暇中に旅行代と酒代でほとんど消える？）。衣食住付きで，資格はいらない。船酔いには慣れればいい。携帯電話がつながらない海域もあるが，そんなのは些細なことで，自分にとってこんなに恵まれた職場は他にはないと思っている。

何より，人見知りが激しく，引っ込み思案で初対面の人とはまともに話もできなかった自分が，いまは船客だけでなく乗組員の誰とでも気軽に話せるようになった。このように自分を変えてくれたのは，いまのフェリーの仕事のおかげだと感謝しており，そして自分の天職だと思っている。だからいつも笑顔でいられる。それが周りを明るくするといういい循環をつくり出しているのだろう。

今日も，定益のまぶしい笑顔が「あざれあ」の船内を明るく彩る。

7 ▶20代で厨房を任される喜び，料理人として充実した日々を送る!

田中 奈津美（たなか なつみ）25歳

2月の厳寒の北海道，苫小牧港。朝5時，厨房に12人分の食事をつくる女性の姿があった。佐藤國汽船株式会社[*33]所属のRORO船「王公丸」[*34]の司厨長[*35]，田中奈津美だ。

「王公丸」の乗組員12人の胃袋を一人で支える，25歳の若き司厨長。高齢化が進む船の司厨員のなか，数少ない若手料理人である。

田中は，1993（平成5）年，函館生まれの25歳。父親の仕事の関係で子供の頃は登別，帯広，横浜などに住んだ後，現在は旭川で暮らしている。美味しいものを食べることが好きで，食に携わる仕事がしたいと考え，高校卒業後「光塩学園調理製菓専門学校」に入学，2年間料理を学んだ。卒業後，船舶料理士専門の派遣会社である株式会社キョウショクに入社。1か月の乗船経験の後，20歳で船舶料理士[*36]免許を取得。タンカーやRORO船などに派遣され乗組員の食事をつくって5年目になる。

2018年2月から4月の3か月間，「王公丸」に司厨長として派遣された。「王公丸」は苫小牧港と東京港を片道およそ30時間かけて定期運航していた。

[*33] 本社神戸市，創業は大正3年。RORO船，タンカーなど3隻を所有。45人の船員を抱える。

[*34] 王公丸：1999年竣工。9925総トン，全長167.72 m，幅24 m，航海速力21.2ノット。

[*35] 船舶料理士を司厨員あるいは司厨手と呼ぶ。その責任者が司厨長。

[*36] 船舶料理士は，船上で調理に必要な知識と技術を認定する資格で，調理師と同様に国家資格である。近海または遠洋を航行する1000総トン以上の船舶などでは，この資格を有する者が調理を担当する。

朝 6 時に苫小牧港入港，貨物を揚げ積みした後，11 時 30 分出港。翌日 18 時頃東京港に入港，同日 23 時に東京港を出港というスケジュールである。

RORO船「王公丸」
（写真提供：佐藤國汽船）

田中には船のスケジュールはあまり関係ない。毎日，朝 4 時 30 分に起床。5 時には調理を始める。乗組員は各自の仕事に合わせて 6 時から 8 時の間に食事を済ませる。その後，後片付けをし，出港までの短い時間で買い出しだ。会社が契約している専門スーパーが店まで送迎してくれる。船に戻るとすぐに昼食の準備だ。乗組員の食事は 11 時から 13 時。昼食の後片付けをすると田中も一息つくことができる。2 時間ほどの休憩の後，15 時には夕食の準備に取り掛かる。夕食は 16 時から 18 時だ。後片付けをして，18 時 30 分にようやく一日の仕事が終わる。自分の食事は，仕事の合間を縫って手早く済ます。

厨房で料理中の田中（写真提供：田中）

「王公丸」は竣工時から女性の乗組員も想定されており，バス・トイレ付きの居室がある。田中はこの部屋を使用させてもらっており，快適な船内生活を送ることができている。翌朝が早いので，就寝は 22 時と早い。

◇

船と普通（陸上）の食堂やレストランとは大きな違いがある。食堂やレストランでは基本的に客は毎回異なるが，船では毎日同じ人々が対象だという点である。さらに 12 人の乗組員の出身地は，北は北海道から南は沖縄まで，日本全国に散らばっており，好みもさまざまだ。船の生活のなかで食事は最大の楽しみ。だから，乗組員みんなに喜んでもらえる食事を提供することが大事だと田中は言う。出身地によって薄味か濃い味かの好みの違いがあり，辛い物が苦手な乗組員もいる。乗組員の出身地や好みを知ることも大事なのだという。

肉うどん，アジの開き，長芋の酢の物

ごぼう天蕎麦，イワシの梅しそ巻き

グラタン，ピザトースト，サラダ

焼きそば，カレイの塩焼き，きゅうりの酢の物

昼食いろいろ（写真提供：田中）

ある日の夕食
ヒレカツ，イカ焼き，
ごぼうの柳川風
（写真提供：田中）

船員は結構好き嫌いが多い。乗船して間もない頃は，乗組員の好き嫌いがつかめていないので，薄味の料理にして様子を見ながら徐々に味付けを濃くし，最適な味付けを模索する。同時に，食べ残された食事から各自の好き嫌いを推測する。このほかにも，麻婆豆腐などは，辛口と甘口を複数種類つくったり，野菜嫌いの乗組員のためにはハンバーグにこっそり野菜を入れるなどの工夫もしている。

乗組員みんなに喜んでもらえる料理をつくると同時に，塩分の取りすぎや栄養バランスにも気を付けるなど，健康にも配慮する。乗組員にリクエストしてもらうこともあるそうだ。若い世代でリクエストが多いのは，ハンバーグやお好み焼きだ。年配の乗組員は和食を好む傾向があるので，幅広い年代の船員が乗る船はメニューの組み立てに気を遣う。できるだけ多くの種類の食材を使うことも心がけている点だ。サラダにもいろんな野菜を使うなど，栄養面にも気を遣う。料理人として自分のつくりたい料理より，乗組員が食べたいものをつくるのが基本だと田中は言う。

船の食事代は決まっているので，予算内でやりくりするのも司厨長の役割だ。船舶料理士は臨機応変な対応も求められる。たとえば，海が時化たときは油を使うのは危険なため，献立を急遽変更することも必要だと田中は言う。と

んかつの予定をポークソテーに変更するというように。

◇

田中に，航海中を想定して１日の献立をつくってもらった。

朝食	目玉焼き，焼き魚（鮭），ハム（スライス），つくだ煮，みそ汁，ごはん
昼食	醤油ラーメン（ネギ・もやし・メンマ・チャーシュー），春巻き，フルーツ（ミカン）
夕食	とんかつ（キャベツ・トマト・きゅうり），魚の煮つけ（カレイ），酢の物（ワカメ），みそ汁，ごはん

注）梅干し，たくあん，ふりかけ，海苔は常備されている。

外国航路では，海軍のしきたりにならって金曜日はカレーライスをつくる[*37]ことから，田中も金曜日にカレーライスをつくったことがあったが，不評でやめたそうだ。その理由は，量が多すぎて食べきれないということだった。

田中の得意料理はオムライスにスパゲッティー・ナポリタン。田中自身はエビを使った料理が好きという。休暇中は食べ歩きや，テレビを見ながら料理・献立を考えるのだそうだ。

船員は，勤務の巡りあわせによっては，クリスマスや正月も船の上で過ごすことになる。クリスマスや正月気分を味わってもらうために，ケーキやおせち料理を用意する。少しでも乗組員に楽しんでもらいたいという想いからだ。

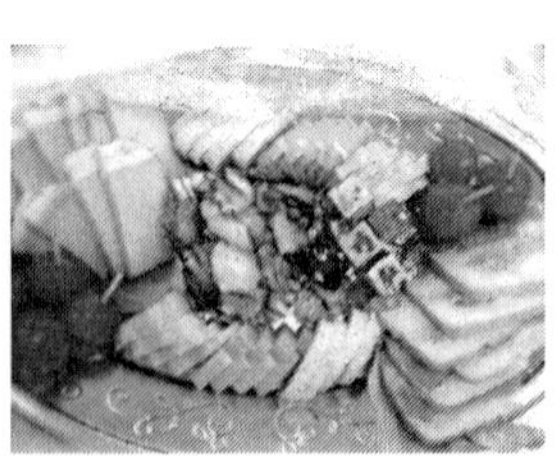

田中のつくった
おせち料理
（写真提供：田中）

[*37] もともとは英国海軍が船の生活で曜日の感覚がなくならないように，カレーライスの日＝金曜日にしたといわれている。

「王公丸」のプライベート空間は恵まれており，快適だ。個室には，バス・トイレに洗濯機もある。田中は，わずかな自由時間には持参した DVD を観るのが楽しみという。「天使にラブ・ソングを...」「ハリー・ポッターシリーズ」などが好みで，何度も観るそうだ。

田中の勤務形態は，3 か月から 4 か月乗船して 1 か月休みである。楽しみは，長期休暇を利用して友達と行く旅行だ。国内では，京都などの関西旅行や東京ディズニーランドへの旅がよかったという。海外は，プーケット，ハワイ，韓国が思い出に残っている。たいていは，友達と一緒に行くのだが，前回の休暇では友達とスケジュールが合わず，初めて台北に一人旅をしたそうだ。屋台の食べ歩きを楽しんだという。

プーケットで休暇を楽しむ
（写真提供：田中）

船舶料理士の仕事について，田中はやりがいを感じている。それは，25 歳の若さで，仕入れから献立，料理をつくることまで含めて全部任せてもらえるからだという。陸上のレストランでは，この年齢で責任を持った仕事に就くことは難しい。その点，船では食事に関してはすべて自分が責任を持つ。乗組員に食事を楽しんでもらい，健康にも配慮し，たいへんではあるが，とてもやりがいがあり，楽しいともいう。

船舶料理士の乗船が義務付けられているのは 1000 総トン以上の大きな船に

限られる。大きな船は設備も整っており，船内の居住空間は快適なものが多い。また，外国航路の船舶に配乗されることもあり，海外旅行好きの田中にとってはタダで海外に行けるというのもこの仕事の魅力の一つ。最近では，旭タンカー所属のタンカー「ありあけ丸」の乗船時に，韓国の麗水（ヨス），蔚山（ウルサン）や中国の大連，上海，南京などに行ったという。

「若い人の職業として，また，女性にとってとてもやりがいのある仕事です。船舶料理士という仕事を知ってもらいたいし，もっと多くの人が船舶料理士を目指してもいいのではないでしょうか。船での勤務中はお金を使うこともありませんので，貯金はできます。船舶料理士として働きながら，経験を積むと同時にお金を貯めて，将来，自分の店を持つための資金にするという目標を持っている友人もいます。私は，いまは司厨長としての仕事にやりがいを感じていますし，休暇を利用して海外旅行を楽しむという生活にも満足していますので，引き続き船上で頑張りたいと思っています」と話す田中の眼は輝いていた。

船舶料理士は高齢化が進んでおり，若い人が少ないという現状にある。これから田中のような若い人が次々と現れてくれることを願う。

第3章 船と船員に関するQ&A～船主座談会～

岡山県にある日生(ひなせ)町は，日本有数の船主が集まる地区です。日生地区海運組合の船主4人にお集まりいただき，船と船員に関するさまざまな疑問についてお答えいただきました。

【参加者】岩崎汽船[*1] 常務取締役 岩﨑 泰整（いわさき やすなり）
下林汽船[*2] 代表取締役 下林 健人（しもばやし たけと）
新東汽船[*3] 専務取締役 江木 賢一（えぎ けんいち）
丹羽汽船[*4] 代表取締役 丹羽 耕一郎（たんば こういちろう）
【司会】 流通科学大学教授 森 隆行（もり たかゆき）
於：日生地区海運組合 2018年8月3日

森　船や船員の仕事は，何か特殊な世界のように感じられるのですが，今日は，一般の人が感じている素朴な疑問を含めて，船と船員の仕事についてお教えください。

◇

[*1] 岩崎汽船株式会社：創業1967（昭和42）年（法人化），保有船舶7隻（LPG 4隻，ケミカルタンカー2隻，タンカー1隻），保有船員68人。

[*2] 下林汽船有限会社：創業1942（昭和17）年，保有船舶6隻（油タンカー），保有船員35人。

[*3] 有限会社新東汽船：創業1980（昭和55）年，保有船舶3隻（ケミカルタンカー2隻，貨物船1隻），保有船員15人。

[*4] 丹羽汽船株式会社：創業1948（昭和23）年，保有船舶3隻（ケミカルタンカー2隻，白油タンカー1隻），保有船員25人。

森　船員には誰でもなれるのですか。

丹羽　船員には資格の必要な職員と，資格の必要でない部員があります。職員には，船の操船を担当する航海士とエンジンを担当する機関士や通信士があるのですが，こうした資格を取得するためには，2014（平成 26）年 4 月 1 日以降，それまでの航海士に加えて，機関士や通信士も色覚検査が必要になりました。船舶職員として職務に支障をきたす恐れのある色覚異常がないことが条件になります。また，視力は矯正視力でいいのですが，航海士で 0.5 以上，機関士，通信士は 0.4 以上が必要です。

他に，身体検査もありますが，一般的な運動能力や体力があれば大丈夫です。

森　船員になるにはどうすればいいのですか。航海士や機関士の資格はどうすれば取れますか。

岩﨑　総トン数 20 トン以上の船舶の職員になるには，「海技士」という国家資格が必要です。海技免状は 1 級から 6 級（無線部は 1 級から 3 級）まであり，それぞれの免状によって運航できる船や職務などが決まります。その船がどの海域を航行できるかという航行区域（遠洋区域，近海区域，沿海区域，平水区域），船の総トン数，エンジンの出力などによって，その船の職員の資格が定められています。

内航船の場合，主に沿海区域を航行します。沿海区域の船舶で 200 総トン以下なら 6 級の免状で船長を務められます。5000 総トン以上なら船長は 3 級の免状が必要という具合です。

江木　船員になるには，2 通りの選択肢があります。中学を卒業して専門の教育機関に進学するコースと，中学や高校卒業の後，部員として雇用される方法です。未経験者の場合は，2 年間の乗船履歴で 6 級海技士の受験資格を得ることができ，筆記試験と身体検査に合格すれば資格が取れます。民間では尾道海技学院と九州海技学院に船員養成のカリキュラム「6 級海技士短期養成コース」があります。座学 2.5 か月に乗船実習 2 か月受講後，提携先の船舶で 6 か月の乗船履歴を積むことで 6 級海技士の受験資格が得られます。中学卒業後，水産高校など 3 年で 6 級です。なお，水産高校本科生は，卒業時に 8 か月の乗船履歴が付きます。さらに 2 年の海上技術短期大学に進めば 4 級，商船高専を卒業すると 3 級が，卒業後 6 か月の乗船履歴で筆記試験が免除され，申請ベースで資格を取得できます。4 級資格があれば 5000 総トンまでの内航船なら船長も可能です。

森　船員の方は，船酔いはしないのですか。

丹羽/下林　時化（しけ）ると，誰でも船酔いします。あとは，慣れですね。

岩﨑　休暇明けは必ず船酔いしますね。ごみ箱を抱えてワッチ（当直）に入ることもあります。

江木　船型によって船の揺れかたは違います。その違いによって酔ったり酔わなかったりします。私の場合，釣り船のような小さな船はダメですね。必ず船酔いします。タンカーでは船酔いすることはないですね。

日生地区海運組合船主による座談会風景

◇

森　船員の方が住む場所ですが，制約はありますか。

下林　船主からの制約はまったくありません。住む場所は自分で自由に決められます。出身地にそのまま住むというケースもあれば，交通の便を考えて博多とか千歳に住む人もいます。

岩﨑　東北地方や九州地方など，出身学校の近くに住んでいる人もいます。

森　休暇で下船した際，自宅までの交通費は誰が負担するのですか。

下林　乗下船時の交通費はすべて会社（船主）負担です。ですから船員はどこに住んでも問題ないわけです。住みたいところに住めるというのが船員の特権の一つですね。

森　次に，給料について教えてください。船員の給料は他の職種に比べて高いのでしょうか。

丹羽　一般的に給料は，総額で表しますよね。そこから税金や年金の積み立てなどを引いた残りが手取りです。ところが，船員の場合，給料は手取りで表すのが一般的です。

江木　たとえば，水産高校を卒業して入社し，半年の乗船後に6級の資格を取得すると25万円/月（手取り）+年2か月のボーナスという感じですかね。これを一般の総額ベースに直すと，約28万円×14か月（2か月のボーナス込み）で年額390～400万円ということになります。これにタンカーならクリーニング手当や貨物船の掃除手当などの手当てが加算されます。普通の会社員に比べると，高い給与水準だと思います。それに，乗船中はお金を使うことがないですから，確実にお金は貯まります。

森　昇給はどのようになっていますか。また，定期昇給はありますか。

岩﨑　内航船員の場合，基本的に能力給といいますか，能力次第で昇格，昇給します。昨今は船員不足の状況ですから，優秀な人はそれなりに処遇しないと居てくれません。たとえば，20歳で入社，4級資格を持っている場合，普通，1～2年は部員としての経験を積みます。順調に行けば，2年目で3等航海士，4年目で2等航海士，6年目で1等航海士，この時点で40～45万円/月

（手取り）になります。早ければ 10 年目，30 歳で船長になれば 50～55 万円/月（手取り）に。総額ベースに直すと年収 800 万円以上ということになります。

岩崎汽船常務取締役
岩﨑泰整

森　現在の日本の給与所得者の平均給与は 421.6 万円（平均年齢 46.0 歳），男性に限定しても 521.6 万円（平均年齢 45.9 歳）です。さらに，給与所得が 1000 万円を超える日本の給与所得者は全体のわずか 4％ です。それを考えると，30 歳くらいで年収 800 万円以上というのはかなりいい水準だと思います。

岩﨑　具体的な例ですが，大島商船高専を卒業（3 級免状）した者は 25 万円（手取り）でスタートし，3 年目で 23 歳の現在の給与は 38 万円（手取り）です。定期昇給はないですが，仕事ができ，能力のある人材は給料も上げます。船員不足の影響で船員の給料はここ 5～6 年，年 2～5％ 上昇しています。

森　勤務体系はどうなっていますか。休暇はどのくらいあるのですか。

下林　フェリーやタグボートを除いて一般の内航船は，船主によって，いくつかのパターンがあります。いちばん多いのが 3 か月乗船して 1 か月の休暇というパターンです。最近は，一回の乗船期間を短くして休暇の頻度を多くする船主さんも増えています。たとえば，70日働いて約20日の休暇というパターンです。これだと年間4回の休暇が取れることになります。若年層の船員は，休暇頻度の多いほうを好む傾向にあります。

下林汽船代表取締役
下林 健人

森　船での食事はどうしているのですか。

江木　3つのパターンがあります。第1は，乗組員が当番制で交代に食事をつくる。第2は，個人が別々に自分の食事をつくる。第3は，賄い担当の船員（司厨員）が乗船して船員全部の食事をつくる，というものです。内航船は小さい船だと乗組員3～4人という船も多く，その場合は，交代制か，個別か，選択肢は2つに限られます。最近は，個別に対応するほうが好まれる傾向があるようです。出身地方による味付けの違いや年齢による好みの差があることから，自分の食事は自分で準備するほうがいいということのようです。ご飯とみそ汁だけ共同で準備する船もあるようです。乗組員12人以上の船には司厨員が乗り組むことになっており，RORO船や大型のタンカーなどでは司厨員が賄いを担当します。

新東汽船専務取締役
江木賢一

岩﨑　私の会社ではガス船（LPG など）が多いのですが，運航スケジュール上，買い物に行くことができません。乗組員は 5～6 人ですが，別途，賄い担当を乗船させています。ただし，賄いだけでなく，忙しいときには荷役の手伝いもしてもらっています。

森　食事代はどうなっていますか。

江木　私の会社では，食事は各人が自分の分を用意するというやりかたです。食事代として 1300 円/日を支給しています。

下林　私のところでは一人当たり 4 万円/月です。

森　会社の福利厚生はどうなっていますか。たとえば，持ち家制度などはありますか。

丹羽　会社によりますが，住宅の購入時や結婚，出産の祝い金を出すところが多いようです。

森　保険や年金はどうなっていますか。

丹羽　保険は船員保険があります。また年金も普通のサラリーマンと同じように厚生年金に加入します。

◇

森　船員に定年はありますか。また，退職金は出るのですか。

下林　一応，定年は 60 歳です。この時点で退職金は出ますが，会社の経営状況によりまちまちのようです。ただし，現在は船員が足りなくて困っていますから，60 歳定年後，再雇用の形で毎年雇用が更新されています。一般の企業では，退職後（多くは退職前から）大きく給与が下がるのですが，船員の場合は再雇用後も給料が下がらないのが普通です。

森　それでは，みなさんのところの船員の最高齢は何歳ですか。

下林　76 歳です。

丹羽　私のところは 71 歳です。

江木　69 歳が最高齢です。

岩﨑　71 歳です。

森　船の仕事というとブリッジ（操舵室）で双眼鏡をのぞく航海士が思い浮かびますが，このイメージは正しいのでしょうか。

下林　それも仕事ですが，船員の仕事はそれだけではありません。船種によって違いますが，荷役作業やメンテナンスなど，さまざまな仕事があります。それに，船員というと，現場作業，肉体労働というイメージがあるかもしれませんが，決して体力勝負ではありません。近年は事務作業も増えています。

森　若い人が船員という仕事を敬遠する理由の一つに「携帯電話がつながらない」という点を挙げます。この点を含めて，船の生活環境としての居住区はどうなっていますか。

丹羽　小型船の場合，比較的陸地に近いところを航行しますので，携帯はほとんどつながります。大型船などで沖合に出るとつながらない地域も少しはあります。また，最近の船の多くは船内に Wi-Fi 環境を整えています。居室は個室になっています。各部屋にはテレビ，冷蔵庫，洗面台がありますし，エアコンも部屋ごとに調整できるようになっています。バス，トイレは共用が多いですが，トイレにウォシュレットを入れているケースも少なくありません。小さな船では難しいですが，大型船では女性専用の浴室やトイレを設置している船もあります。

丹羽汽船代表取締役
丹羽耕一郎

森　船員という職業は，陸上の一般職と違う点が多くあるのがわかりました。改めて相違点を挙げてみてください。

下林/江木/岩﨑/丹羽

- 共同生活
- 能力主義
- 通勤時間がゼロ
- 衣食住付き
- どこにでも住める
- 長期休暇がある
- 定年後も給料が下がらずに継続して働ける

森　最後に，これからの内航海運を支える若い船員，あるいはこれから船員を

目指そうという若者たちに一言ずつお願いします。

丹羽　船員の仕事は裏方のようなイメージがありますが，日本の物流を支えているのだというプライドを持って仕事をしてほしいですね。

下林　陸上で仕事勤めができなかった人も，海上では不思議と勤まるものですよ。

岩﨑　小さなコミュニティや家族のようなアットホームな環境で仕事をするのがいいという人には向いている職業です。

江木　年功序列ではないので，頑張っただけ報われる仕事です。やる気のある人には最適の職業ですよ。

今回お集まりいただいた４人の船主は比較的若い方々でした。全体として船主の代替わりが進んでおり，若い経営者が多くなっています。船員の労働環境にも配慮される船主が多く，従来に比べてずいぶんと改善されているようです。４人とも実際に乗船経験があり，船員のことをよく理解しています。また，お話の端々に，職場の家庭的でアットホームな雰囲気を感じることができました。ただし，船の仕事は居心地がいいだけでなく，つねに危険と隣り合わせですので，厳しさもあります。そうしたなかで，仕事については，きちんと評価し，それに報いられているようです。

４人の船主のお話を聞きながら，船員がいかにやりがいを実感できる職業であるか，改めて感じました。

第4章 内航海運関係者に聞く

1 ▶ 船員は夢のある職業です！

日本内航海運組合総連合会会長 **小比加 恒久**（おびか つねひさ）2018年4月27日

【プロフィール】1948（昭和23）年生まれ（69歳）。東京都出身。1971（昭和46）年，立教大学卒業。同年，丸善昭和運輸株式会社入社。1973（昭和48）年，東都海運入社。1997（平成9）年，同社代表取締役社長，現在に至る。

日本内航海運組合総連合会会長
小比加 恒久氏

森　日本内航海運組合総連合会（以下，内航総連）は，内航海運業界全体の調整役を果たす組織だと理解しています。そこで，小比加さんには内航総連の会長として，内航海運業界の抱える問題や船員の問題などについてお話を聞かせていただきたいと思います。

最初に，内航総連という名称は，一般にはあまり馴染みがありませんので，その組織についてご説明いただけますか。

日本内航海運組合総連合会の構成組合・連合会

	構成組合	主な構成事業者	会員数	船腹量
日本内航海運組合総連合会	内航大型船輸送海運組合	主として1000総トン以上の貨物船オペレーター。	28社	182隻 693千総トン
	全国海運組合連合会	主に地方の船主, オペレーターが主体の海運組合を会員とした中央組合。	1655社	1964隻 1366千総トン
	全国内航タンカー海運組合	石油, ケミカル, ガス製品などを輸送するタンカーの船主, オペレーターの組合。	574社	927隻 906千総トン
	全国内航輸送海運組合	主として大手貨物オペレーターにより構成される。	79社	449隻 686千総トン
	全日本内航船主海運組合	主として中型の貨物船を所有する船主により構成される。	363社	502隻 556千総トン

（出所：日本内航海運組合総連合会ホームページをもとに作成）
http://www.naiko-kaiun.or.jp/union/union02.html

小比加　内航総連は1965（昭和40）年，内航海運組合法に基づいて運輸省（現国土交通省）により設立認可された団体です。内航大型船輸送海運組合，全国海運組合連合会，全国内航タンカー海運組合，全国内航輸送海運組合，全日本内航船主海運組合という，事業形態および企業規模が異なる5つの全国的な規模の海運組合（うち一つは連合会，以下「5組合」）により構成されています。これら5組合の会員数は2699社で，保有船腹は4024隻，4207千総トンと非常に大きな組織です。

内航総連の役割は，ご指摘のとおり，他の業界と同じように業界団体として内航海運業界全体に関わる問題に対応することです。もう一つ，内航海運業界に特有の役割があります。それは，暫定措置事業[*1]というカルテルを実施することです。暫定措置事業の前身は，内航海運の安定化を図るため過剰船腹対策として1967（昭和42）年に始まった船腹調整事業です。内航総連

[*1] 内航海運暫定措置事業は，運輸大臣（現 国土交通大臣）が1998年5月15日に認可した内航海運暫定措置事業規程に基づき，日本内航海運組合総連合会により，内航海運組合法上の調整事業として同日より実施されている。この暫定措置事業は，船腹調整事業の解消により，実態上の経済価値を有していた引当資格が無価値化する経済的な影響を考慮した施策であるとともに，内航海運業の構造改革推進の観点から，船腹需給の適正化と競争的市場環境の整備を図るための事業である。「船協海運年報2004」参照。

は，過剰船腹対策としての船腹調整事業を遂行するために設けられたものです。1998（平成 10）年，船腹調整事業は暫定措置事業へと衣替えしました。その暫定措置事業も近い将来，終了する見込みです。

森　内航総連は，5 つの組合（うち一つは連合会）で構成されているということですが，それぞれ組合の性格や構成する会員も違うようです。なかなかまとめるのは大変ではないですか。

小比加　そのとおりです。5 つの組合は，零細企業から一部上場企業まで，その事業規模はさまざまです。また，オーナーやオペレーターなど事業形態も異なる組織の集合体です。運営は 5 つの組合の合意で進められますので，意見を集約し，まとめるのに苦労しています。

森　内航総連では，内航海運事業者の経営基盤の強化，船員確保，環境・安全対策，カボタージュ[*2] 対策や災害対策など，多くの課題に取り組んでいると聞いています。今日は，そのなかでも船員確保・育成の問題に絞ってお聞きしたいと思います。

昨今，船員不足が大きな問題となっています。多くの業界で人手不足が問題となっていますが，船員不足が叫ばれる背景には何があるのでしょうか。内航海運業界の特殊性のようなものがあるのでしょうか。

小比加　近年，トラックドライバー不足が社会問題として取り上げられています。トラック業界だけでなく物流業界全体が人手不足です。建設や介護の現場でも人手不足が深刻さを増しているようです。

内航海運も例外ではありません。内航船員はおよそ 2 万人いますが，50 歳以上の船員が 52.7 %，60 歳以上が 27.7 % を占めています。これほど高齢者の割合が多い業界は他にはないでしょう。船員不足と高齢化が大きな問題です。

とくに若い人にとって，内航海運が他の業界と違うところは，働く場所が陸ではなく，海上ということです。職場が海上ゆえ，タグボートなど特別な場合を除いて船上の生活を強いられます。家から通えないというような労働

[*2] 解説 (3) 参照。

条件面で大きなハンディキャップを負っているということです。

それでも，以前は船員の給与は他の産業で働く人に比べはるかによかった。3倍くらいの差がありました。その後，その差がだんだん縮小しています。もちろん，いまでも陸上に比べると高いのですが，いまの若い人は，多少の給料の差より，休暇などの労働条件を重視する傾向にあります。

また，船員として働くためには国家資格が必要です。その資格取得には運転免許などに比べれば多くの時間が必要です。こうしたことが，船員の確保が難しくなっている理由だと思います。

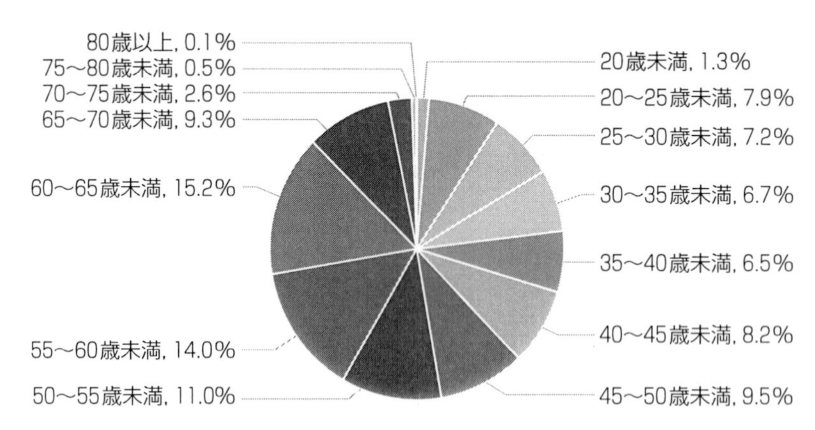

内航船員の年齢構成（平成29年10月1日現在）
（出所：日本内航海運組合総連合会ホームページhttp://www.naiko-kaiun.or.jp/union/union09.html）

森　近年，中小企業では後継者がいないという問題もあるようですが，内航海運業界ではいかがですか。

小比加　内航海運業界でも後継者がいないために廃業を余儀なくされるなど問題が顕在化しています。内航海運はご存知のとおりオーナーの多くは中小零細企業です。その多くは家族経営ですが，息子が後を継がないという声もよく聞きます。その背景には，職業の選択肢が多くなったというのもあるのではないかと思っています。私たちの時代は，職業選択の幅が非常に狭く，親の職業を，つまり海運業をそのまま引き継ぐというのが普通だったのですが，いまは，そういう時代ではなくなったということですね。

後継者がいる場合でも，まったく船に乗った経験を持たずに経営にあたるというケースもあるようです。大手の事業者の場合は，仕事が分担されていますからそれでも問題ないのでしょうが，中小零細企業で実際の船の現場の仕事を経験せず，現場の知識がないままでは，うまく事業を継続することは難しいと思います。

森　急な退職や業界内の移動も増えていると聞きますが，いかがですか。

小比加　最近は，誰もが携帯電話で簡単に情報をやり取りすることが可能になりましたので，携帯で情報を得て，いい条件の会社があるとそちらに移るというようなことも聞きます。また，内航海運の船員の勤務体系は，通常 3 か月乗船 1 か月休暇というパターンが多いのですが，休暇の後，そのまま戻ってこないということもありますね。

森　退職の理由で多いのはどういったことですか。

小比加　若い人の退職理由でいちばん多いのは，船内における人間関係ですね。内航船の乗組員数は，船の大きさ（総トン数）と連続航海時間によって決まっています。500 総トン未満の小型船だと最低 4 人，多くても 5 人です。狭い船内で同じ顔触れでずーっと過ごすわけです。所有船が 1 隻というような零細オーナーの船員だと，休暇以外はいつも同じ乗組員と過ごすことになります。こうした状況に耐えられないと言って辞める，あるいは他の会社に移るということが多いのではないかと思います。

内航船の安全最小定員

航海種別／船型	8時間以下の連続航海	8～16時間以下の連続航海	16時間超の連続航海
200総トン未満	2人	3人	4人
200～700総トン未満	4人	4人	5人
700総トン以上	4人	6人	8人

（出所：日本内航海運組合総連合会ホームページをもとに作成）
http://www.e-naiko.com/kaiun_data/hituyo.pdf

森　人間関係による退職を防ぐ手立ては何かありますか。

小比加　複数の船を持つことでローテーションを組み，乗組員が入れ替わるような仕組みが出来ればいいと思います。しかし，零細事業者に所有船を増やせと言っても簡単にできるものではありません。複数の事業者が集まり，共同で船を管理するということが考えられます。いわゆるグループ化です。今後は，こうした形で規模を大きくしていかないと成り立たない時代が来るのではないかと思っています。

森　若い人に船員という職業を選択してもらうためには，海上勤務というハンディはしかたないとしても，労働環境の改善，あるいは船員の社会的地位の向上が必要なのではないかと思いますが，業界としての労働環境の改善への取り組みについて教えてください。

小比加　現在の船室はほぼ全員に個室が提供されていますが，それでも予備船員が乗船する場合など船室が足りないということも起こりえます。そうしたことのないように，新たに建造する船は船室を増やすように働きかけています。また，船室のグレードアップも進めています。各個室にテレビやDVDプレイヤーがあるのは当たり前になりつつありますし，船によっては個室にシャワーがある船もあります。

それから，休暇制度の見直しも行っています。先ほど言いましたように，現在は3か月勤務1か月休暇というパターンが多いのですが，2か月勤務20日休暇というように休暇の回数を増やすように変更している事業者もあります。旅費，交通費は会社負担になるのですが，若い船員さんには，休暇の回数が多いほうが人気のようです。

森　その他の船員不足対策について教えてください。

小比加　内航総連は，自ら実行するというより，構成組合や地方の海運組合などが実践することを支援するというような立場になります。たとえば，全国10か所に船員対策協議会というのがあり，海上勤務未経験者を業界に呼び込む努力を各地で行ったり，小学校へのパンフレットの配布，海の日のイベントなどを行っています。内航総連はこうした活動を資金面などで支援しているのです。

各地の海運組合では新6級の資格応募者の募集を行ったり，海技教育機構を通じて船員養成機関で勉強する学生への奨学金を助成したりしています。

このほか，海洋共育センターを通じて 6 級海技士のさらなるキャリアアップのための予算も計上しています。

こうした地道な努力の結果，ここ数年，若い人の割合が少し増えているようです。私たちのこれまでの取り組みの成果だと思っています。しかし，日本全体の人手不足の状態が続くなかで，このまま若い人の割合が増えるかどうか，先行きは不透明なところがあります。

森　最近の若者の動向を見てみますと，給料や労働環境も大切ですが，それ以外にその仕事の社会的意味や役割を重視する傾向も見られます。NPO などへの就職希望者が増えているのもその表れだと思います。内航海運にはそうした社会的な意義がありますか。

小比加　あまり知られていませんが，内航海運は国内物流の 4 割以上を担っています。私たちの生活と企業活動にとってなくてはならない物流インフラです。また，大震災や有事の際に住民避難などのために必要があれば，国は海上運送法の航海命令，国民保護法の従事命令などを出すことができますが，これは主権の及ぶ日本船であるからこそ可能なことです。内航海運はすべて日本籍船であり，乗組員は全員日本人です。

また，まだ記憶に新しいと思いますが，平成 23 年 3 月に発生した東日本大震災では，業界を挙げて救援物資や復興資材の輸送で大きく貢献しました。震災発生から同年 4 月末までの 1 か月半あまりの輸送量は，燃料油・LPG など 204.71 万キロリットル，畜産飼料 6.2 万トン，生活物資，建設機械，車両など約 230 台，合計 210 万トン（10 トン車 21 万台相当）でした。その後も引き続き被災地域の復興に必要な資材などの海上輸送体制の確保に業界を挙げて取り組んでいます。また，震災後，全国の原子力発電所が相次いで運転停止となり，代替電源として火力発電所の稼働率が高まっている状況下で，重油・石炭など燃料の安定輸送に努めています。

平成 28 年 4 月に熊本県で発生した震度 7 の地震においても，内航海運は RORO 船やコンテナ船により支援物資の輸送に努めました。あるいは，これから起こるかもしれない災害に対して，内航総連あるいは各地の海運組合が地方自治体と協力協定を結んでいます。現在，東京都，高知県，佐賀県，北海道，愛媛県，徳島県と協定を締結しています。

このように，平時においては私たちの生活や企業活動を支え，災害などの緊急時には救援物資の輸送など重要な役割を果たしています。内航海運がなければ私たちの日常生活は成り立ちませんし，企業活動も継続することはできないのです。

森　そうなのですね。内航海運の重要性がよくわかりました。内航海運で働く人たちはもっと誇りを持ってもいいと思います。しかし，残念ながら，一般にそうしたことが十分に知られていないように思います。そのために，社会的に正当な評価を得られていないのではないでしょうか。

小比加　そうですね。我々は，もっと社会に内航海運と船員のことを知ってもらう努力をしないといけないですね。世の中に評価されることは，働くモチベーションとして重要です。社会的ステータスを上げるためには，自助努力も必要ですが，荷主や港湾業者の協力も不可欠です。この場を借りて，関係者にもぜひご協力をお願いしたいと思います。

森　これから内航海運業界に入ろうとする若者にとって，業界の将来がどうなるかというのは非常に気になるところです。内航総連会長として，内航海運業界の将来をどのように見ていますか。

小比加　日本の置かれている立場を考えれば，今後も原材料は海外からの輸入に頼っていかなければならないと思います。その意味では，沿岸部を中心に産業活動が継続されます。その意味から，内航海運を含めた海運産業がなくなることはありません。日本の人口が減少に向かっており，貨物の輸送量の減少は避けられないと思います。いまが物流を見直す時期なのかもしれません。一方で，環境問題からモーダルシフトの促進も考えられます。こうした社会，経済環境の変化のなかで，工夫次第で内航海運のさらなる活性化は可能だと思っています。

森　最後に，これから船員を目指す若者に一言お願いします。

小比加　船員は夢のある職業です。何より，手に職をつけること（＝船員という国家資格）はこれからの人生にとっての強みです。海上での勤務中は，昼寝はありませんが，3 食付きです。衣食住の心配はありませんし，計画的にお金を貯めることができます。長期休暇があり，自分のやりたいことにチャレンジする時間もあります。さらに，努力次第でキャリアアップも可能ですし，それに伴って収入もついてきます。何より誇りを持てる仕事です。

もう一度言わせてください，船員は夢のある職業です。海と船が君を待っていますよ。

森　長時間お付き合いいただき，ありがとうございました。

2 ▶ 理念はCrew First！ いつか女性だけで動かせる船を持ちたい

白石海運株式会社取締役 **白石 紗苗**（しらいし さなえ）2018年1月23日

【プロフィール】1985（昭和60）年生まれ（33歳）。大阪府出身。2008（平成20）年，関西外国語大学卒業，同年日信商事株式会社入社。2010（平成22）年，同社を退職，同年株式会社旗山マリン入社。2012（平成24）年，同社を退職，同年白石海運株式会社入社，取締役。2017（平成29）年，新大島海運株式会社設立，代表取締役（白石海運株式会社取締役兼務）。現在に至る。

森　今日は，船主経営者として白石さんにお話をお聞きしたいと思います。よろしくお願いします。「船主」といってもピンと来ない人も多いと思います。そこで，最初に「船主」とはどういう仕事をする会社なのか，ご説明いただけますか。

白石　荷主の要請に応じて配船し，運航するオペレーターに，所有する船舶を貸し出す海運事業者を「船主（オーナー）」といいます。白石海運は2隻のタンカーを所有し，その所有船を旭タンカーというオペレーターに貸し出すことを事業とする船主です。船主の主な業務は，船員の確保，その労務管理，船の修繕・保守管理，部品や船用品の購入などです。私どもが運ぶのは主に重油で，国内の石油基地から工場へ，あるいは外国航路の貨物船や客船へ海上から補油しています。豪華客船「クイーン・エリザベス」に補油したこともありますよ。重油は危険品です。そのため安全マニュアルの作成など，安全管理は経営者として最も重要なことだと思っています。

森　2隻のタンカーを所有しているということですが，どのくらいの大きさの船ですか。

白石　第八大島丸と大島丸の2隻です。第八大島丸は2002年竣工，199総トン，全長43.95メートル，幅8メートル，満船での速力は10.4ノット*3です。少し古くて小型です。大島丸は2016年に竣工した新しいタンカーです。大きさも499総トンと，第八大島丸に比べて大型です。全長64.99メートル，幅10.4メートル，満船時の速力は11.0ノットです。

森　船員は何人いますか。

白石　第八大島丸に3人，大島丸には5〜6人が乗り組んでいます。予備船員も入れて11人の船員がいます。これまで船員は派遣船員に頼っていましたが，大島丸の竣工時にすべて自社船員に切り替えました。全員自社船員に切り替えるのには3年かかり，人が揃うまでは，私自身も月に2〜3回は乗船して乗組員として働いていました。いまは管理業務などが忙しいため，ほとんど乗船していません。

白石紗苗氏
（白石海運本社にて）

森　どうして自社船員に切り替えたのですか。

白石　船員の地位や福利厚生を向上させ，社員教育や労務管理を自社で責任を持って行い，みんなが同じ理念を持って仕事に取り組んでほしいと考えたか

*3 1ノットは1時間に1海里進む速さ。1海里＝1.852キロメートル。

らです。船主経営でいちばん重要なものは船員です。質の良い船にするには質の良い船員が必要です。ですから，経営に当たっては船員のことを第一に考えており，「Crew First」（船員第一主義）が私のモットーです。休暇や福利厚生面でもきめ細かい配慮をしています。いま，私どもでは 2 人（まもなく 3 人に増えます）の女性船員がいます。大島丸では女性専用トイレも設置しました。

また，内航海運の勤務は，3 か月乗船 1 か月休暇で，年 3 回の休暇というスタイルが一般的ですが，私どもでは 2 か月半乗船し休暇を 20〜30 日にして，年 4 回の休暇が取れるようにしています。船員が家族に会える回数を増やすためです。休暇の回数が多いと，乗下船時の交通費が嵩みますが，役員報酬を削ってでも船員のために使うべきだと考えています。

ところで，私の携帯電話には，すべての船員の奥様の誕生日が入っており，奥様の誕生日には必ずケーキと記念品を贈ることにしています。年に一度は奥様方と電話でお話しする機会もつくっています。「Crew First」の「Crew」には家族も含まれており，船員の家族との信頼関係を築くのも大切なことだと考えております。たとえば，お盆や正月には，船が着岸できるように岸壁（バース）を確保し，少しでも空いた時間があれば家族と会えるようにしています。その結果，会社全体でとてもいい雰囲気が出来上がっていますよ。こうした細やかな気遣いは，「主婦の知恵」ですかね。まだ，独身ですけど。

森　「Crew First」ですか。いい響きですね。

では，白石さん自身のことも聞かせていただきたいと思います。白石海運という名前から，家業を継いだことがうかがえますが，社会人になってすぐに，この世界に入ったのですか。

白石　白石海運は，私の祖父が 1975 年に設立した会社です。父が会社を継ぎ，小さい頃から船や船員さんが身近にいましたので，船への憧れはありました。昔は，女性が船乗りになるということは考えられませんでしたので，会社を継ぐことは深く考えずに進学先を選びました。大学は関西外国語大学の国際言語学部で中国語を学び，半年間，北京言語大学にも留学しました。

父は大学卒業後すぐに船に乗ったので，私にはもっといろいろな経験を積んでほしいと考え，大学卒業後すぐに船の世界に入ることに反対でした。そこで，中国語を生かして貿易会社に就職し，輸出部門で2年間働くことにしました。しかし，やはり船の仕事がしたいとの思いが強くなり，父に頼んで知り合いの船員派遣を事業とする徳島の会社で修業をすることになりました。ここで，船の基礎知識やマネジメントについて学んだのです。

大島丸
（写真提供：白石海運株式会社）

森　船の世界は，男の世界というイメージが強く，女性ということで苦労されたことも多いのではないかと思いますが，いかがですか。

白石　修業時代には，いろいろありました。「女に指示されて船には乗りたくない」「なんだ，この小娘は」といった感じですね。でも，わからないことは，とにかく何度も素直に教えを請うようにするなかで，だんだんと信頼関係も築けていったように思います。最近は，女性の船員も増えてきましたし，女性の船主もいます。

森　その後，白石海運に入社して，実際に船主としての仕事を始めて，いかがでしたか。

白石　最初は戸惑うことばかりでした。まず，配乗です。まるで，パズルですね。休暇の日数や間隔を考慮しなければならないのはもちろんですが，船員の相性なども考える必要があります。また，仕事の頼みかたや，言い回しにも配慮が必要です。安全管理の書類作成も大変でした。

他には，銀行との交渉ですね。銀行の融資を取り付けて大島丸の建造にこぎつけるまでは大変でした。

白石海運は零細企業です。とにかく，船員の手配，経理，修繕など，何でもやらなければいけないわけです。とくに，船のトラブルが起きたときには，現場のこと，実務を知らないといけないことを痛感しました。そこで，海技免状を取得し，自ら船にも乗るようにしました。そのおかげで，現場のことも理解できるようになりましたし，船員さんとも深く話せるようになりました。いまでも時々，乗組員として乗船します。出港のときは，冒険に出かけるようなワクワクした気分になりますね。

「大島丸」ブリッジにて
（写真提供：白石紗苗）

森　白石さんは，船主という仕事をどのように考えていますか。

白石　船主が船を資産として持つこと自体に意味はないと思っています。船員の雇用を守ることが大事です。雇用を守れないと船主経営は成り立ちません。船の数が多ければいいというものではありません。いい船員がいて，いつまでも働いてくれる会社であることが重要です。白石海運がそういう会社であることにプライドを持っています。白石海運に入社して今年で 5 年目になりますが，自分の描く船主像に向かって一歩一歩進んでいると感じています。もちろん，自分だけではありません。周りの多くの人に助けられながらです。

森　白石さんが描く理想の船主像はどのようなイメージですか。

白石　休暇を終えたときに船員さんが戻ってきたいと思える，いきいきと働ける職場があることです。そのために，私は相撲部屋のおかみさんのような存在でありたいと思っています。

森　では，これからどのようなことに取り組もうとしていますか。

白石　いま取り組んでいることは，若い世代と女性船員の育成です。やる気のある若い人を成長させたいと思っています。先に触れましたように，2016年竣工の大島丸は居室を広くし，女性専用トイレを設置するなど，快適に過ごせるような工夫もしています。また，私どもの所有船舶は2隻のタンカーだけです。若い人の成長のためには，派遣会社を通じてもっと大きな船，あるいは違う船種を経験する機会をつくることも考えています。

それから児童養護施設の子供たちに，船員になる道を開きたいと思い，施設への広報活動を始めました。施設で育った子供たちに，卒所後，船員という職業を選択することで自立することが可能だということを知ってもらい，海員学校への進学や就職を，内航海運業界として支援する仕組みができたらと思って取り組んでいます。

「大島丸」機関室にて
（写真提供：白石紗苗）

森　内航海運業界は船員不足で困っているわけですから，いいプランですね。ところで，将来の夢はありますか。

白石　いつか女性だけで動かせる船を持ちたいですね。

森　いいですね。ぜひ夢に向かって頑張ってください。お話を聞いていて，本当に船というか，この仕事が好きだという気持ちが伝わってきます。

白石　どこまでも広がる大海原はほんとに気持ちがいいものです。陸上とは違う時間が流れていて，心が落ち着きます。通勤のストレスとも無縁です。船員は，陸上にはない魅力ある職業だと思います。

森　もしもの話で恐縮ですが，自分の子供ができたら，船員にしたいですか。

白石　もちろんです。仕事をしている船員は男性も女性もすごくかっこよく見えますから。

森　長時間にわたりお話を聞かせていただき，ありがとうございました。

3 ▶ 女性船員の将来設計と内航海運企業

福寿船舶株式会社海運部課長 **岡部 涼子**（おかべ りょうこ）2018年1月31日

【プロフィール】1984（昭和 59）年生まれ（34 歳）。静岡県出身。2007（平成 19）年，東海大学航海工学科卒業。同年，福寿企業株式会社（現 福寿船舶株式会社）入社。2008（平成 20）年，三等航海士，2011（平成 23）年，二等航海士。2013（平成 25）年，海務部（陸上勤務）異動。2015（平成 27）年，海運部係長，2017（平成 29）年，同課長。現在に至る。

森　近年，船員を目指す女性が増えています。しかしながら，これまで船の世界は男社会でした。まだまだ，女性には働きにくい職場ではないかと想像します。また，結婚や出産を考えると船員に二の足を踏むという女性もいるのではないかと思います。岡部さんは，東海大学海洋学部航海工学科を卒業後，航海士として海上勤務をされ，現在は陸上勤務をされていると聞きました。そうした経験を踏まえて，女性の職業としての船員，あるいは職場としての内航海運企業についてお話をうかがいたいと思います。よろしくお願いします。

岡部　こちらこそ，よろしくお願いします。

森　船員になろうとした切っ掛けは何ですか。

岡部　小学 3 年生のときに，父親の仕事の都合で静岡に住むようになりました。高校は東海大学付属翔洋高校でした。静岡で海や船を見ながら育ちましたので，なんとなく東海大学海洋学部航海工学科を目指していました。そんなとき，母親から競艇の選手にならないかとアドバイスをされたのを覚えています。実は，母親が競艇の選手になりたかったのですが，応募しようとしたときに結婚と重なってしまい，あきらめたそうです。その夢を娘に託そうと思ったようです。競艇の選手はともかく，船員になることは自然のなりゆきでした。

岡部涼子氏
（清水の福寿船舶本社にて）

森　就職先に福寿船舶を選んだのには理由がありますか。

岡部　大学のとき，就職セミナーでいくつかの会社の説明を受けたのですが，福寿船舶以外の会社は何となく女性に冷たいと感じました。福寿船舶は女性に門戸を開いていました。それに，福寿船舶の所有船は自動車船や RORO 船[*4]で，居住区がゆったりと広く，女性に働きやすいというのが大きいですね。実際，私が 3 等航海士，2 等航海士として乗船した豊福丸は，船が大きいため居住区にも余裕がありました。全員に個室が与えられるのはもちろんのこと，来客用の部屋もありました。女性専用のトイレ，浴室，洗濯室もあり，快適に過ごせました。

[*4] RORO 船：ロールオン・ロールオフ（Roll on Roll off）船の略。船体と岸壁を結ぶ出入路「ランプウェイ」を備え，貨物を積んだトラックが，そのまま船内外へ自走できる。

森　「豊福丸」というのはどのくらいの船ですか。

岡部　「豊福丸」は，2006（平成 18）年，三菱重工業下関造船所で建造されました。1 万 2687 総トン，全長 165.0 メートル，幅 27.6 メートル，航海速力は 21 ノットで，乗用車なら 2000 台積載可能な大型 RORO 型貨物船です。乗組員は司厨要員を含めて 12 人です。

福寿船舶所属
RORO船「豊福丸」
（写真提供：福寿船舶株式会社）

森　現在は海運部に所属しながらの陸上勤務ですが，その前は航海士として海上勤務だったそうですね。乗船勤務はどのくらいの期間でしたか。

岡部　2007（平成 19）年 9 月に東海大学を卒業，翌 10 月に入社して，約 1 年間は甲板部員でした。2008（平成 20）年 10 月から 2 年間，3 等航海士として乗船，2011（平成 23）年 10 月に 2 等航海士へ昇格しました。福寿船舶所有の 3 隻すべてに乗船しました。途中 2 年間，名古屋営業所で海務担当を経験しました。その後 2014（平成 26）年 4 月，陸上籍に移り，海運部で労務担当として仕事をしています。2017 年 4 月，課長になりました。課長になったといっても，仕事の内容はあまり変わりません。見習い期間を含めておよそ 7 年間の海上勤務でした。

森　「豊福丸」をはじめ，福寿船舶の船は女性専用の施設があるなど，たいへん恵まれているということですが，内航船のすべてがこのような施設を備えているわけではなく，大型船だから可能なのだと思います。もちろん女性を積極的に採用しようという会社としての姿勢があるからだと思います。現在，福寿船舶には女性船員は何人いますか。

岡部　現在，当社では56人の船員がおり，うち3人が女性で，3人とも甲板部員です。当社の所有船は3隻とも女性専用の施設があり，1隻に2人までの女性の乗船を想定しています。したがって最大6人までの女性船員の採用が可能です。船員の採用も私が担当しています。今年も，まだ女性の採用枠がありますので，女性の応募は大歓迎ですよ。

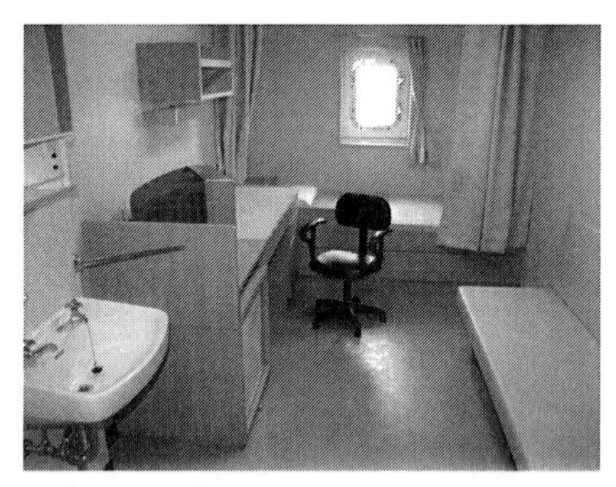

「豊福丸」の食堂と居室（写真提供：福寿船舶株式会社）

森　船を建造するときから女性船員を想定して設備も整えているということですね。設備は整っていても，まだまだ女性船員は少ないようですね。航海士として，船での仕事において苦労したことなどあれば教えてください。

岡部　女性だからといってとくに苦労したということはないです。仕事上たいへんなことは男女関係ないと思います。

当社の船は主に自動車を運ぶ船なのですが，他の船種と比べて船速がとても速く，すぐに次の港に着きます。毎日1つから3つの港に入り，入出港時は全員が作業に出るため，0～4時当直の場合には一日3時間くらいの休息を何回かに分けて取るような日もあり，寝不足で体調管理がたいへんでした。

それと，台風や低気圧が来ても2～3メートル程度のうねりであれば航海します。私はあまり船酔いに強くないのですが，航海士として時化（しけ）のなかも走らせなくてはなりません。気持ちが悪くても休めませんので，そのときの当直は辛かったですね。

森　船員としての仕事のなかで，楽しかったこと，あるいは印象に残っている出来事などあれば教えてください。

岡部　航海士になって初めて，夜に，瀬戸内海で多数の漁船に遭遇したときが印象に残っています。反航船[*5]もおり，漁船も各々の方向に走ったり止まったりしていました。しかし，船長を呼ぶほどの輻輳（ふくそう）（混雑）状況でもない。漁船の動向に注意し，サーチライトなども駆使しながらその状況を乗り切ったときには，達成感を感じました。本当に足がガクガクと震え，乗組員の命や船という資産やお客様に届ける大事な荷物を私が預かっているのだと頭では理解しているつもりでしたが，あらためて実感した瞬間でした。

しかし，そんな怖い状況ばかり続くわけではありません。明かりのない海の上なので星がたくさん輝いており，流れ星が流れてきたり，航走波を夜光虫が青く光らせたりと，素敵なシーンにたくさん遭遇しました。アシカやイルカやクジラにも会えました。

「豊福丸」の甲板にて
（写真提供：福寿船舶株式会社）

森　船員として入社した後，2014（平成 26）年に陸上職へ移籍されたわけですが，どうしてですか。また，それ以前に，船員として入社したにもかかわらず陸上職に変わるということは可能なのでしょうか。

岡部　多くはないかもしれませんが，ケースバイケース，会社によると思います。私の場合，陸上に移ったのは 28 歳のときです。船員としての仕事は好

[*5] 互いに反対の針路で航行する船舶。（⇔ 同航船）

きですが，結婚や出産といった将来を考えたとき，このままずっと船員を続けていけるのだろうかと悩みました。それでも，やはり海や船に関わっていたいということで，陸上職への移籍も視野に入れて社長に相談しました。たまたま運が良かったのもあるのでしょうが，船員としての知識と経験を生かすことができる海運部へ移ることが認められました。

女性にとって，結婚はともかく，子育てと船員の仕事との両立は難しいです。そこで，結婚や出産を機に，船員の技術や経験を生かした陸上の仕事が見つかれば，女性にとって船員という職業へのハードルが下がると思います。

「豊福丸」のブリッジにて
（写真提供：福寿船舶株式会社）

森　企業にとっても，経験を積んでせっかく一人前になったと思ったら退職されたのでは，育てるための投資が無駄になると感じられますよね。

岡部　だからこそ，その戦力を違う形で社内で生かせればいいのですが，船主は中小零細企業が多く，なかなか難しいのが現実です。船員を目指す女性は覚悟して入社しているので，中途半端な気持ちで仕事に向き合う人はいません。重要な戦力になるはずです。もっと女性が活躍できるようにすれば，船員不足の解消にも少しは役に立つと思います。

森　まだ少数派ですが，福寿船舶のように女性を積極的に採用する船主もあります。ある船主さんと話したときに，女性を育てるために投資しても結婚や出産で退職するケースも多いと思うのですが，投資とその効果についてどう考えていますかとの質問に対して，その船主さんは，割り切っていますとの返事でした。人それぞれ事情があるのだから，必ずしも一生働いてくれなくてもいい。5 年でも 10 年でも戦力になってくれればそれでいい。入れ替わりがあっても，つねに一定数の女性の職場を提供したいとおっしゃっていました。子育てのために退職して，子育てが終わったらまた復職するのもいいと思います。

岡部　そうですね，そういう考えかたもあると思います。ただ，長いブランクがあると現場復帰するのは容易ではないと思います。

森　海運部でどのような仕事をされているのですか。また，いまの仕事に航海士としての乗船経験は役に立っていますか。

岡部　海運部には，工務担当，海務担当と労務担当の 3 つの担当があります。私はそのうちの労務担当です。労務担当の仕事は，船員の配乗や給与に関することが主な仕事です。船員の採用も私の担当です。毎年 1～3 人採用しています。配乗を含めた船員の労務管理ですから，航海士として実際に現場を経験しており，現場のことがわかっていることで，船員の立場に立って配乗や休暇の計画を立てられるなど，いまの仕事でたいへん役に立っています。逆にいえば，労務担当だけでなく，海務部の仕事は現場，つまり乗船経験や船の知識がなければ務まらないと思います。私の場合も，航海士の経験があったからこその仕事だと思います。

森　ところで，船の運航状況や船員の仕事と休暇のパターンはどうなっていますか。

岡部　当社の場合，乗船勤務が 65 日で，その後 25 日の休暇となります。年 4 回の休暇ですね。航路にもよりますが，基本は，朝入港，夕方出航です。一日に貨物の揚げ積みのために 1～2 港に寄港します。場合によっては 3 港に寄港することもあります。

森　結構忙しそうですが，港での停泊時間はどのくらいですか。

岡部　短ければ 1 時間ということもあります。逆に，朝から夕方まで停泊することもあります。仕事がなければ上陸も自由で，その時間を利用して買い物をしたりします。上陸者のために自転車を積んでおり，結構役に立っていますよ。

森　給料はどうですか。

岡部　65 日間の連続勤務など，一般の陸上の仕事に比べてハンディはありますが，給料は悪くないと思います。乗船中は航海日当などもろもろの手当てが加算されますので，基本給の 7 割増しくらいになります。航海士であれば入社して間もなくで年収 500 万円にはなります。

森　乗船中だと子供の運動会などの行事には参加できないのですか。

岡部　出られますよ。当社では，「休暇申請制度」という制度があります。これは，事前に申請すれば休みを取ることができるという制度で，理由は問いません。この制度を利用することでお子さんの学芸会や運動会に参加することは可能です。実際，毎月 3〜4 件の申請があります。

森　船員にとって，それはうれしい制度ですね。

岡部　船員にとって，家族と一緒に過ごす時間は大切ですから。

森　仕事面で将来の希望などはありますか。

岡部　船という職場は離家庭性が強く，新入社員は環境に慣れず 1〜2 年で退職する者が多くいます。若い子たちの退職をなくすため，教育体制を整えて，楽しくやりがいを持って働ける会社にしたいと思います。

労務担当になって 4 年が経ちましたが，この仕事はとても奥が深く難しいので日々勉強です。

森　最後にお聞きしたいのですが，将来，自分の子供が出来たときに，お子さんを船員にしたいと思いますか。

岡部　船員はとても良い仕事だと思いますので，本人が希望するのであれば勧めます。

森　長時間にわたり興味深いお話をありがとうございました。

岡部　こちらこそ，ありがとうございました。

4 ▶ 優秀な船員を育成し続けます

国立波方海上技術短期大学校校長 **澤田 幸雄**（さわだ ゆきお）2018年2月7日

【プロフィール】1961（昭和 36）年生まれ（56 歳）。愛媛県出身。1984（昭和 59）年，東京商船大学（現 東京海洋大学）航海科卒業。同年，川崎汽船入社。1988（昭和 63）年より海員学校教諭。海技教育機構本部主幹，国土交通省海事局海技課船員教育室専門官，海技教育機構教育企画部教育課長などを経て，2016（平成 8）年，国立波方海上技術短期大学校校長，現在に至る。

澤田幸雄校長
（写真提供：海技教育機構）

森　澤田校長先生，本日はお忙しいところ時間をいただきありがとうございます。一般に聞き慣れないのですが，「独立行政法人海技教育機構」とはどのような機関ですか。「国立波方(なみかた)海上技術短期大学校」とどういう関係にありますか。

澤田　独立行政法人海技教育機構は，貨物船や客船などを運航する船員の養成を行うために国が設置した国土交通省所管の独立行政法人です。8 つの学校と 5 隻の大型練習船により教育訓練を行っています。中学卒業生を対象にした 3 年制の小樽，館山，唐津，口之津(くちのつ)の 4 つの海上技術学校と，高校卒業生を対象にした 2 年制の宮古，清水，波方の 3 つの海上技術短期大学校，そして主に船員の再教育を担う海技大学校の 8 つです。

波方海上技術短期大学校はそのなかの一つです。1968（昭和 43）年 3 月 30 日に，運輸省令第 9 号により粟島海員学校波方分校として設置されたのが始まりで，2001（平成 13）年に，全国 8 校の海員学校が統合され，独立行政法人海員学校として発足，これに伴い「国立波方海上技術短期大学校」に改名されました。今年で 50 周年を迎えます。

国立波方海上技術短期大学校本館
（写真提供：海技教育機構）

森　貨物船や客船などの船舶には，外国航路に就航する船舶と国内航路の船舶があります。また，こうした船舶の乗組員には資格が必要だと思いますが，波方海上技術短期大学ではどのような資格が得られますか。

澤田　卒業すると四級海技士（航海）および内燃機関四級海技士（機関）の筆記試験が免除になります。その後，口述試験を経て，正式に資格取得できます。また，在学中に第一級海上特殊無線技士の資格も取得できます。当校は基本的に国内航路の船舶，内航海運の船員の養成を目的としていますので，卒業生は四級海技士（航海，機関）の海技免状を取得し，内航海運会社，フェリーやタグボートの会社に就職しています。就職率は 100 パーセントです。なかには在学中に上級試験（三級，二級，一級）の海技試験（筆記）を受験する学生も多く，卒業生の 4 人に一人程度が三級の筆記試験に合格しています。

森　波方海上技術短期大学校に入学するのに，年齢制限などの制約はありますか。視力はどのくらい必要ですか。

澤田　年齢制限はありません。高校卒業してすぐに入学する人がほとんどですが，社会経験のある人も 2 割程度います。また，1 学年 90 名の定員に対して毎年 4～5 名の女子の入学者もあります。視力は，矯正視力が 0.5 あれば問題ありません。

森　学生の出身地の特徴はありますか。

澤田　学生は，北は北海道から南は沖縄まで全国から来ています。四国出身は 4 分の 1，九州出身が 4 分の 1 で，合わせて半分といったところです。全寮制ですが，女子寮はないので，女子は近くにアパートを借りての通学になります。

森　授業料や生活費などの費用はどのくらい必要ですか。

澤田　授業料は年額 15 万 4800 円（平成 29 年度）です。授業料，教材費，制服代，寄宿料，食費，寮諸経費など寮生の経費は，1 年目が約 80 万円，2 年目は約 53 万円と，一般の短大や大学と比べても決して高くありません。

森　こちらの教育プログラムの特徴は何ですか。

澤田　本校のカリキュラムは，3 か月 × 3 回の練習船の実習と 1 年 3 か月の座学から成っています。2 年間で実践力を養いながら必要な乗船履歴を満たすような構成です。航海訓練は，海技教育機構所有の日本丸，大成丸，青雲丸，銀河丸，海王丸の 5 隻の練習船を使って行われます。日本丸，海王丸は帆船です。3 回のうち 1 回は帆船による訓練が行われます。また，大成丸は内航船仕様であり，これも必ず組み入れられています。

校内練習船「くるしま」
（写真提供：海技教育機構）

海技教育機構の練習船の他に，校内練習船「くるしま」（乗組員 4 名，学生 46 名）や「くるしま 2」「くるしま 3」，雑船 2 隻があり，日頃の訓練に使用されています。とくに，当校は近くに来島（くるしま）海峡があり，難所で有名な海峡を学生のうちから実地に体験できるのが魅力であり，強みでもあります。

森　船員というのは，高校生の進路としてはあまり知られていないと思うのですが，入学の応募状況はいかがですか。

澤田　2009 年頃を底に，応募者は増えています。2009 年は定員 80 名に対して実受験者数 98 名でしたが，ここ数年は定員の 2 倍程度の受験者があります。そのため 2 年前に定員をそれまでの 80 名から 90 名に増やしました。2017 年度入試では実受験者数が 188 名でした。確かに，一般的な進路としての認知度は低いですが，目的意識の高い，言い換えれば明確に船員になりたいという意志を持った学生がほとんどです。そのため途中でリタイアする学生は極めて少なく，卒業生はほぼ全員が船に乗るか，海技大学校へ進学しています。

森　最近の応募者の増加には何か理由があるのでしょうか。

澤田　東日本大震災で内航船やフェリーが活躍したことがニュースで報じられ，海や船への関心が高まってきているなかで，船員の養成が重要であるという認識が徐々に高まっているのではないでしょうか。一方で，船員不足が深刻で求人が増えており，卒業生の就職率はほぼ 100 パーセントというのも背景にあるかもしれません。

森　長時間お話を聞かせていただきありがとうございました。これからも優秀な内航船員を送り出してくださることを期待しています。この後，在学生からも話を聞かせていただきます。

波方海上技術短期大学校の寮日課（平日日課）

時間	日課
06:50	起床
06:55～07:15	整列・点呼，体操，掃除
07:20～07:50	朝食
08:15	登校，寮施錠
08:30～12:20	午前授業（50分×4）
12:20～12:50	昼食
13:20～17:00	午後授業（50分×4）

時間	日課
放課後～21:45	入浴
18:00～18:30	夕食
20:00	帰寮・点呼
20:05～21:05	自習時間
22:00	巡検
22:30	消灯

※消灯後，自習室での勉強は可能

波方海上技術短期大学校の 2 年生 3 人に聞く

2018 年 2 月 7 日

- 本郷 俊介（ほんごう しゅんすけ）27 歳，滋賀県出身，南和海事株式会社（鹿児島県）内定，コンテナ船 航海士
- 黒田 寧音（くろだ ねね）20 歳，神奈川県出身，大和海運株式会社（山口県）内定，タンカー 機関士
- 横川 竜也（よこかわ たつや）20 歳，北海道出身，佐藤國汽船株式会社（兵庫県）内定，RORO 船 機関士

森　今日は，集まっていただきありがとうございます。船員になろうと思ったきっかけ，学生生活，練習船でのことなど，お話を聞かせていただきたいと思います。よろしくお願いします。

最初に，本郷君は 27 歳ということですが，高校卒業後は何をしていたのですか。なぜ波方海上技術短期大学校に入学して船員になろうと思ったのですか。

本郷　高校卒業後，同志社大学法学部に進学しました。就職活動のなかで，商船三井や日本郵船が一般大学からの船員の募集をしていることを知りました。商船大学などではなく，一般の大学・学部からの学生を採用して入社後に海技資格を取得させ船員にするというものです。応募したのですが，残念ながら採用に至りませんでした。

それでも，船に乗りたい，船の仕事がしたいという気持ちが忘れられなくて，海上自衛隊に入隊しました。入隊後 5 か月の教育隊での訓練の後，9 月に舞鶴港を母港とする補給艦部隊の「ましゅう」に二等海士として乗艦し，10 月に一等海士として乗艦勤務となりました。仕事は，レーダー監視員でした。でも，私のやりたいことは船を動かすことだったので，海上自衛隊は自分のやりたいことではないと思いました。

そこで，入隊して 1 年後の 3 月に海上自衛隊を退職し，波方海上技術短期大学校に入学を決めました。波方海上技術短期大学校のことは母親が教えてくれました。きっと息子のことを心配して，いろいろと調べてくれたのだと思います。すでに鹿児島県にある南和海事株式会社から内定をいただき，卒業後は，コンテナ船に航海士として乗船することが決まっています。夢の第一歩を踏み出しました。将来の夢は，船長になって船を動かすことです。

森　黒田さんは，どうして船員になろうと思ったのですか。また，機関士が希望だそうですが，航海士ではなくてどうして機関士を希望しているのですか。

黒田　私は横浜の出身ということになっていますが，小さい頃は，父親の仕事の関係であちこちに移り住みました。その一つが屋久島でした。父親が屋久島で漁師をするというので，家族で移住しました。そこで漁師としての父親の姿を見て，船に興味を持ちました。横浜でも，港に出入りする客船などが身近にありました。高校卒業に当たり船員の道を選んだのは，自然ななりゆきでした。横浜からは，清水海上技術短期大学校が近いのですが，波方海上技術短期大学校を選んだのは，来島海峡に近く，そこで実習できることが決め手でした。

もともとは航海士が希望でしたが，練習船「青雲丸」での訓練で，大きなエンジンを目の当たりにして感動しました。ほんとに「デッカイ！」っていう言葉そのものでした。練習船では，神戸大学や東京海洋大学の機関の人たちと一緒になり，エンジンのことをいろいろ教えてもらいました。とても楽しく，吸収することが多くあり，エンジンのことをもっと知りたいと思ったことが機関士を目指すようになったきっかけです。

就職は，山口県の大和海運株式会社から内定をいただき，タンカーに機関士として乗船する予定です。

森　横川君は，どうですか。

横川　僕は，北海道の苫小牧の出身です。苫小牧は，日常的に貨物船やフェリーが多く出入りしています。船は生活の一部であり，親の勧めもあって，船員になることに抵抗はありませんでした。もともとバイクに興味があり，メカ全般に興味がありましたので，船でも機関士を希望しています。

（左から）
本郷俊介君
黒田寧音さん
横川竜也君

僕も，黒田さんと同じように来島海峡の実習に興味を引かれ，波方海上技術短期大学校を希望しました。全寮制ですので場所はどこでも同じだと思いました。

就職先は，神戸市にある佐藤國汽船株式会社から内定をいただいています。RORO 船にエンジニアとして乗船する予定です。船員のいいところは，日本のどこに住んでもいいという点で，もちろん転勤という概念もありません。卒業後は，地元の苫小牧に住むつもりです。

森　それはいいですね。本郷君や黒田さんは卒業後どこに住む予定ですか。

黒田　横浜です。

本郷　私は滋賀に住みます。

森　なるほど，船員の特権の一つかも知れませんね。

もうすぐ卒業ですが，2 年間を振り返って，楽しかったことや苦しかったことなど挙げてください。

本郷　寮生活が楽しかったです。寮では 4 人が一部屋なのですが，自分より若い仲間との生活はとても楽しかった。勉強は，大学では法学部でしたので，まったく違う分野に最初は戸惑い，たいへんでした。でも，やりたいと思って入学した学校なので苦にはならなかったです。むしろ新しい知識が増えることがうれしく，楽しい学校生活でした。頑張って，3 級海技士の筆記試験にも合格しました。

本郷君　　黒田さん　　横川君

黒田　私は集団生活に慣れるのがたいへんでした。女子は寮がないためアパート住まいなので，集団生活の経験がなく，練習船で初めて 4 人が一部屋という集団生活を経験することになりました。いまはそれにも慣れ，まったく気にならなくなりました。また，船上では，いつも周りに人がいますので，当初はつねに周りに気を遣い疲れましたが，それにもだんだん慣れてきました。

横川　僕も集団生活に慣れるまではストレスを感じました。つねに周りに人がいる，いろいろな人がいる状況というのは初めてでしたから。でもだんだんと慣れてくるものです。自分なりに工夫して一人になる時間をつくるなど，生活にメリハリをつくることでストレスをためないようにしました。

森　週末はどのように過ごしていましたか。

本郷　私は，歴史小説が好きなので，週末には読書や DVD を観たりして過ごすことが多かったです。

黒田　私も読書が好きで，近くの図書館によく通いました。また，旅行も好きなので，週末を利用してあちこちプチ旅行をしました。

横川　僕は，おいしいものを食べに行きました。カラオケにもよく行きました。

森　クラブ活動のようなものはあるのですか。

横川　3 人ともカッター部に所属していました。毎日授業が終わった後，30 分程度練習します。昨年，地元の造船会社など 11 チームが参加する波止浜（はしはま）湾カッター大会で優勝しました。

森　練習船では，楽しかったこと，苦しかったことなど，たくさんの思い出があると思います。練習船でのことを聞かせてください。また，3 隻の練習船を体験したなかで印象に残っているのは，どの船ですか。

本郷　日本丸です。帆船での作業はとてもいい経験でした。帆船に乗る機会なんてそうないですから。

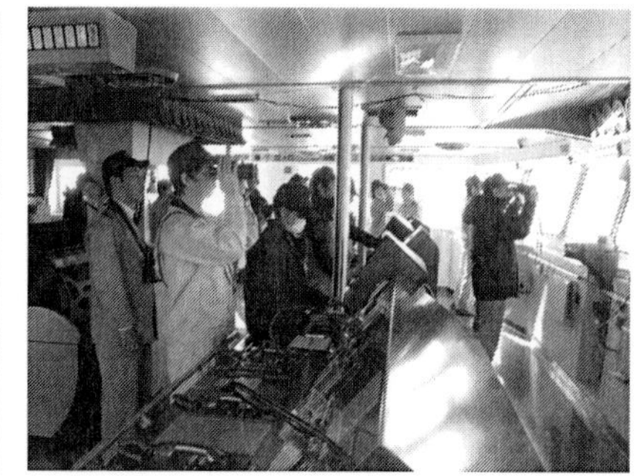

練習船「日本丸」と練習船での航海訓練の様子（写真提供：海技教育機構）

黒田　私は，青雲丸です。初めて大きなエンジンを見た興奮は，いまも忘れられません。もともと航海士希望だったのが，青雲丸での経験で機関士志望に変わるほどですから。他の学校の学生たちから得られた知識も多く，楽しくあっという間の 3 か月でした。

横川　僕は，大成丸かな。最後の練習船でした。自分なりに実力が付いたと実感できてからの乗船だったというのが大きな理由です。エンジンのことをよりよく学べたと思います。

森　失敗談や，たいへんだったことはありますか。

横川　初めての訓練は青雲丸で，東京港から乗船しました。初めてということで何となく興奮していたのだと思います。眠れないまま 0–4 ワッチ（午前零時から 4 時までの当直）に入ったのですが，38 度を超える熱を出し，まったく何の記憶もないまま一日が過ぎるという失態でした。明らかにスタートダッシュで出遅れ，キャッチアップするのに苦労しました。

黒田　青雲丸の航海は船酔いでたいへんでした。ワッチ中に入れ替わり立ち替わり人が次々とトイレへ消えるんです。他にも袋やバケツを抱えている人もいました。最初の航海ということで油断があったのでしょうね。船酔いの薬を飲んでない人が多かったようです。東京港から佐世保港へ，62 時間の航海でした。高知沖あたりの揺れは，とくにひどかったですね。

本郷　練習船での「甲板流し」はたいへんでした。ヤシの実を半分に割ったものを使って甲板を磨く掃除のことです。真冬の航海中の甲板流しはとくにきつかったですね。寒いなか，ひざまで作業服をまくり上げて裸足で作業します。まず，水を甲板上に撒き，それからヤシの実を使って甲板を磨くのですが，水を撒く前に甲板はすでに凍っている状態で，厳寒のなかの約 20 分の作業は本当に厳しかったです。これを 3〜4 日に一度の割合で行いました。

日本丸での甲板流しとセイルドリル（左端が本郷君）（写真提供：海技教育機構）

黒田　甲板流しの作業の後に朝食ですが，私は寒さで食事が喉を通らなかったです。食事といえば，練習船での食事は良かったな。どの船の食事もおいしく，ボリューム満点でした。ラーメン，餃子にチャーハンが付くという日もありました。火災訓練や避難訓練のある日には必ずカレーとアイスクリームが付きました。乗船してすぐは，厳しい訓練で体重が減るのですが，だんだんまた体重が戻っていきました。

練習船ではたいへんなことも多かったけど，多くのことを学び，いまとなっては，楽しいことばかり思い出されます。高知沖で見た日没の景色には感動しました。夜空も最高です。流れ星や，しし座，おとめ座など春の星座がとてもきれいによく見えました。いつまで見ていても飽きなかったです。

森　長時間にわたり，いろいろなお話をありがとうございました。最後に，これから船員を目指す後輩たちへ一言ずつお願いします。

横川　船の仕事はあまり知られていません。また，たいへんな仕事ですが，楽しいこともいっぱいあります。それに普通の会社勤めに比べれば長期休暇があります。仕事と私生活の距離感がすごくいいと思います。

黒田　船員は特殊な仕事で，これまでは男の仕事でしたが，女性の船員も増えてきており，女性でも働きやすくなっています。もっと多くの女性に船員を目指してほしいと思います。乗船中は，衣食住にお金がかかりませんし，とても魅力的な仕事ですよ。

本郷　僕は，大学に寄り道して，船員への道を再選択した経験から，目標を持たずに大学に行くよりは目的を持って学んだほうがよいということを伝えたいですね。

森　みなさんのお話を聞いて一人でも多くの若い人が船員を目指してくれるといいですね。ありがとうございました。これからのみなさんの活躍を楽しみにしています。

2019 年 1 月，波方海上技術短期大学校在学中にインタビューをしたうちの一人の横川さんから，勤務先の佐藤國汽船を通じて写真とともに便りが届きましたので，紹介します。

森先生、ご無沙汰しております。

波方海上技術短期大学校を卒業、昨年４月に佐藤國汽船に入社、機関士としての仕事も間もなく１年になります。昨年11月から白油タンカー「昭晴丸」(3,753総トン）に２等機関士として元気に勤務しています。

入社前は職場の人間関係を不安に思い心配していましたが、まったくそんなことはなく、むしろ人間関係が良好な職場でしたので、良い意味でのギャップを感じています。

作業をする際に必要な道具をそろえ、作業手順など覚えることがいっぱいあります。また、機関室の騒音は思ったより大きく、ジェスチャーで人の意図を汲み取ることなど、日々、戸惑いと新たな発見があり、勉強の毎日です。早く誰からも認められる一人前の機関士となれるよう頑張ります。

2019年1月19日

横川　竜也

上：佐藤國汽船所属白油タンカー「昭晴丸」
（写真提供：佐藤國汽船）
左：「昭晴丸」エンジンルームにて
（写真提供：横川竜也）

5 ▶ 船員の労働環境改善が船員確保につながる

一般社団法人海洋共育センター理事長 **蔵本 由紀夫**（くらもと ゆきお）2018年4月20日

【プロフィール】1957（昭和 32）年生まれ（60 歳）。山口県出身。1980（昭和 55）年，福岡大学商学部卒業。同年，父親が個人で所有する貨物船（199 総トン）に甲板員として乗船。1986（昭和 61）年，父親の他界後，吉祥海運株式会社設立。2000（平成 12）年，共同船舶管理会社，株式会社イコーズを設立し，初代代表取締役に就任。2005（平成 17）年，日本船舶管理者協会設立（発起人），副理事長就任（後年，理事長就任，現在は相談役）。2013（平成 25）年，一般社団法人海洋共育センター設立，初代理事長就任。現在に至る。

森　蔵本さんは一般社団法人海洋共育センター（以下，海洋共育センター）理事長，全国海運組合連合会副会長，中国地方海運組合連合会会長，特定非営利活動法人日本船舶管理者協会相談役，株式会社イコーズ相談役，そして吉祥海運株式会社代表取締役と多くの顔をお持ちですが，今日は船員養成の観点から，海洋共育センター理事長としての立場でお話を聞かせていただきたいと思います。

早速ですが，海洋共育センターは，どのような目的で，いつ設立されたのですか。

蔵本　内航海運は，国内輸送の 4 割以上を担う重要なインフラですが，近年，船員不足が大きな問題です。そこで，船員不足問題の解消に内航海運業界全体で取り組み，船員確保と船員の資質向上を図り，安定的な内航輸送サービスを提供することで，結果として日本の産業維持・活性化に貢献するため，2013（平成 25）年 9 月に海洋共育センターが設立されました。

2009（平成 21）年頃，海事都市尾道推進協議会の支援を得て，一般財団法人尾道海技学院[*6] が民間完結型 6 級海技士短期養成課程第 1 種認定を国から受け，その仕組みのなかに組み込まれた 2 か月の乗船実習を「UMI」（事業者有志の集まり）という任意集団が請け負っていました。

[*6] http://marine-techno.or.jp/

また，時を同じくして，中海連（中国地方海運組合連合会）や船管協（日本船舶管理者協会）においても船員不足の解消に向けた議論をするなか，産学官が参加する「日本人船員確保・育成に関する学術機関との共同調査研究会」を立ち上げ，そこで個々の事業者では対応できない船員問題について共同で行う組織の必要性を具現化し「一般社団法人海洋共育センター」が設立されました。

現在，会員は舶用機器製造・販売メーカーをはじめ，海運会社（船主，オペレーター）など 294 社です（2018 年 3 月末現在）。

森　船員教育が事業の中心だと思いますが，「教育」ではなく，「共育」という用語を使っていますね。これには何か意味があるのでしょうか。

蔵本　内航事業者が共同で船員を育成するだけでなく，関連するすべての海事従事者が共働することで「共に学び育つ」ことを目指します。そのことから「共育」を名称に入れました。

海洋共育センター
蔵本由紀夫理事長

森　具体的な取り組みについてお話し願えますか。

蔵本　具体的には，第 1～第 3 事業部会の 3 つの事業が柱です。

第 1 事業部会が，海事人材育成開発事業です。船員供給源の開拓を含め，新規船員の絶対数を増加させる事業です。

第 2 事業部会は，再教育支援事業で，現役船員の戦力化と効率的なキャリアアップの仕組みの構築により，船員の仕事の質の向上とやりがいを創造する事業です。具体的には船員の再教育を行い，船員のキャリアアップ，質的向上を目指しています。

第 3 事業部会は，企業力活性化を目的とした事業で，船員を確保・育成する主体である内航事業者の経営能力を向上させる事業です。主として内航事業者への研修やセミナーなどを実施しています。

第 1 事業部会の人材育成事業が注目されがちですが，私たちとしては第 2，第 3 事業部会の活動も重要だと考えています。しかしながら，人材や資金などの経営資源が乏しく，なかなか十分な活動が行えていないのが実情です。

森　東京海洋大学や神戸大学の海事科学部，あるいは商船高等専門学校，海上技術短期大学校などがありますが，これらの養成機関では船員養成は十分ではないのでしょうか。

蔵本　これまで，船員の養成は国・行政の役割でした。ただ，こうした養成機関は外航船を中心に大型船の船員養成に主眼が置かれており，内航船員を目的としたものではなかったように思います。とくに小型内航船員は，家内事業的に家族や親族で構成した船員を中心として，漁船からの転職や縁故採用に頼っていましたが，それらも枯渇しました。そこで，これまで空白地帯であった小型内航船員の拡充を図ろうというものです。もちろん，小型内航船からキャリアアップして大型船へ移ることも可能です。実際，海洋共育センターが連携して行う 6 級海技士養成制度を利用して海技免状を取得，乗船履歴を付け，3 級海技士の資格を取得し，2 年間の水先人養成コースを経て水先人になったケースもあります。このように，私たちは，船員養成にとどまらず，広く海事社会で活躍する人材育成を視野に入れた教育を目指しています。

一般的に，船員になるには専門教育機関で教育を受け，国家資格が必須だと思われていますが，決してそんなことはなく，普通科の高校や一般大学の卒業でも船員になる道はあります。

「船員」は船上で働く人の総称で，職員（オフィサー）と部員（クルー）に大きく分けられます。「職員」は海技士の国家資格を持つ船長・機関長・航海士・機関士などで，海技士資格を持たない甲板長・甲板員・機関員などの「部員」は，職員を補助する仕事を担います。「部員」は資格がいりません。

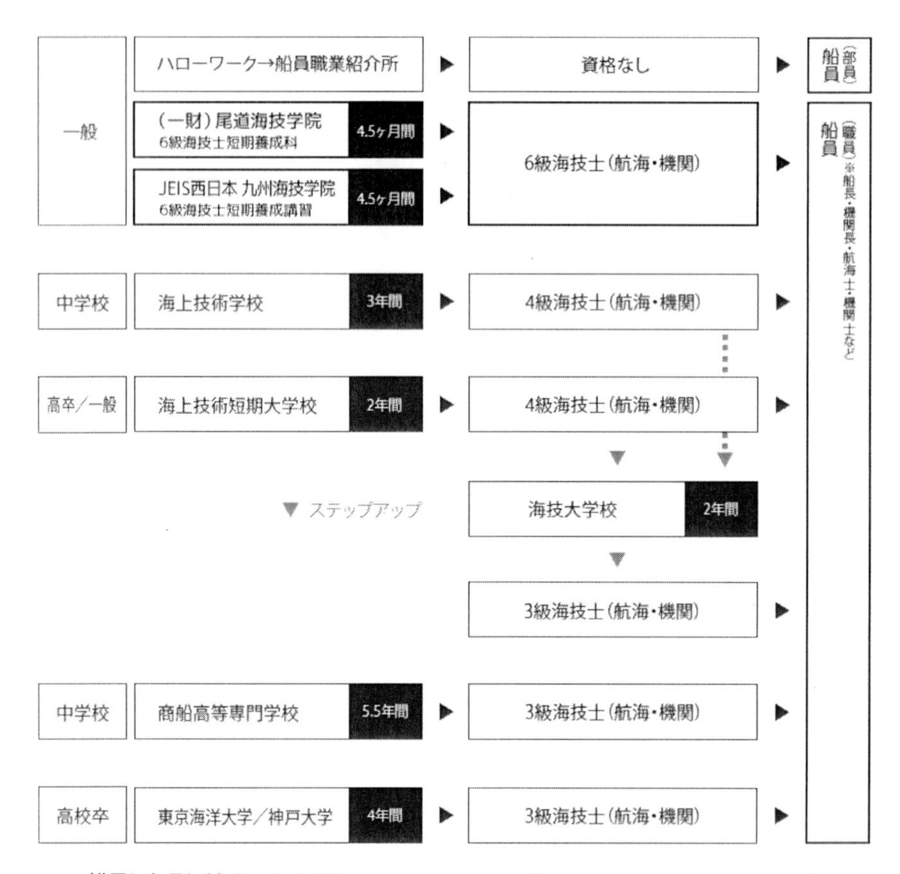

船員になるには(出所:海洋共育センターホームページhttp://kaiyokyoiku.jp/stepup/)

「職員」に必要な海技士資格を取得するには，先に挙げた公的船員養成学校（2 年間以上）へ入学することで 4 級海技士以上の資格を得ることができますが，2009（平成 21）年，新たに，短期間の講習でも 6 級海技士の資格が取得できる「民間完結型 6 級海技士短期養成講座」（4.5 か月間）という制度が出来ました[*7]。2.5 か月の座学と 2 カ月の乗船実習で当直部員として認定されるのです。その後，船会社に就職して 6 か月の乗船履歴を付けた後，身体検査（口述試験は免除）に合格すると 6 級海技免状が得られます。これ

[*7] 2009 年は航海のみ，機関は 2014（平成 26）年から。

までは海技免状取得まで 2 年以上の乗船履歴を要していましたが，「6 級海技士短期養成講座」の制度を利用すれば，最短で 4.5 か月＋ 6 か月の乗船履歴で 6 級海技免状が取得可能です。6 級海技士（航海）では，平水ならびに沿海区域における 200 総トン未満の船舶の船長，499 総トンの船舶の 1 等航海士として乗船ができます。

一般財団法人尾道海技学院，JEIS 西日本九州海技学院[*8] などで講座を開講していますが，問題は 6 級海技士養成課程第 1 種に組み込まれた 2 か月の乗船実習を行うための船がないことです。そこで，海洋共育センターが乗船実習のための船を調整し，提供しています。現在，尾道海技学院，九州海技学院の 2 校と提携しています。会員企業からの提供船は，尾道海技学院向けが約 200 隻，九州海技学院は 2017（平成 29）年度から始まりましたので，現在はまだ 40 隻です。そして，これまですでに累計で約 400 人が海洋共育センターの提供する船舶で乗船実習を行いました。

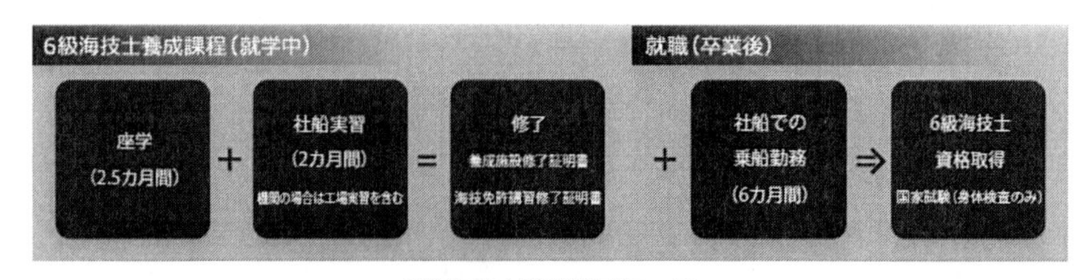

6級海技士短期養成コース

（出所：海洋共育センターホームページhttp://kaiyokyoiku.jp/stepup/sixth.html）

森　1 年未満で船員（6 級海技士）になることができるのはよくわかりました。受講するのに何か条件はありますか。また，たとえば民間の養成施設の講座を受講するのに，どのくらいの費用が必要ですか。

蔵本　まず，受講資格ですが，18 歳以上で，入学試験に合格することが必要です。入学試験は小論文を含む筆記試験と面接があります。費用ですが，入学の選考料が 3 万円，学費など（授業料，実習費，教材費，保険付保費など）が約 40 万円，それに 2.5 か月の座学の間の宿舎代（食費を含む）が 30～35

[*8] http://jeis-west.jp/kyushu_kaigi_school#sec01

万円くらいかかります。およそ 80 万円必要ということです。

森　なるほど。この 6 級海技士短期養成講座の制度を利用すれば，船員の専門教育を受けていなくても，たとえば普通科高校の卒業生でも船員になることができるということですね。さらに，これまで 2 年以上必要だったのが最短 10.5 か月と大幅に短縮されたことで，そのための乗船実習の機会を海洋共育センターが提供しているということですね。海洋共育センターの意義と役割がよくわかりました。

海洋共育センターの運営はどのようにしているのですか。

蔵本　実習のための船舶を提供していただける会員には，わずかですが国や業界組織からの助成金が下りますが，基本的にはボランティアです。海洋共育センターの運営は，会員の会費（年会費 1 万円）と尾道海技学院，九州海技学院からの協力金を使っていますが，とてもではないですが十分とは言えません。そのため，事務所は尾道海技学院のなかに間借りしていますし，専任スタッフも雇えないので，限られた者で何もかもやっているのが現状です。今後，より充実したものにしていくためには，運営資金の確保が大きな課題です。

海洋共育センター事務局が入る尾道海技学院と玄関前の看板（写真提供：海洋共育センター）

森　講座の受講生の就職状況はどうですか。

蔵本　受講生の卒業後の就職率はほぼ 100 % です。定着率もよいですね。平成 28 年度以前の卒業生の定着率は 80 % 以上でした。

森　内航船にもタンカー，コンテナ船，ケミカル船などいろいろな船種がありますし，船の大きさもさまざまだと思います。講座受講生の希望も人それぞれだと思うのですが，乗船実習の船種や就職先を選ぶことはできるのですか。

蔵本　実習船については学生の希望を取り入れています。企業・船種と学生のマッチングを行い，できるだけ希望に沿えるようにしています。受講生にも小型船を希望する者，大型船を希望する者，あるいはタンカーだったり貨物船だったり，希望もそれぞれで，あまり偏るということがないため，いまのところうまくいっています。もちろん，当センターが直接学生と調整をするのではなく，受講生を受け入れている民間養成施設との連携により行うものです。

森　外航海運会社では，最近は船員も陸上勤務の割合が増えていると聞きますが，内航海運会社の場合はどうですか。

蔵本　私の吉祥海運株式会社の船舶管理は，船員の配乗も含めてすべて船舶管理会社である株式会社イコーズに委託しています。私自身，株式会社イコーズの初代の社長も務め，現在も相談役として実務にも関わっております。その株式会社イコーズも含めて内航海運の場合，船主である経営者が乗船するというケースを除き，海上勤務と陸上勤務が完全に分かれていました。これは賃金体系や資質の違いなどがあるためです。

株式会社イコーズでは，陸上社員に海技免状を取らせる，あるいは一定期間乗船勤務をさせることはあります。それは，陸上勤務であっても，現場である船の仕事を知っておく必要があるからです。役員を含む陸上勤務社員のなかで 10 人以上が海技免状を持っています。なかには，陸上社員として入社した後，海上勤務を希望し，船員として勤務している者もいます。

森　現在，内航船員になりたいという若者が少ないように思えます。船員不足解消への道のりは遠いように思えますが，その背景には何があるのでしょうか。また，問題解決のために何をすべきでしょうか。

蔵本　まず，職業として認知されていないことが問題ですね。普通科高校や一般大学を卒業しても船員になれることを知っている若者は少ない。したがって，職業選択のなかに船員というのが入っていない。もっと若者に知ってもらうための PR をしなければいけないと思います。

給料は，他の産業より良いのですが，休暇日数が少ないとか，特殊な仕事だとか，労働環境が良くないイメージがあります。実際，労働環境の改善の必要はあります。これは，内航事業者だけでなく，荷主や行政を含めた関係者が一体となって取り組まなければ成果は期待できないと思います。上天草市など，地方自治体が船員確保・育成のための優遇策（事業者への雇用助成金や補助金，新規船員への祝い金や住宅補助など）で支援するところもあります。そういう自治体がもっと増えるといいと思います。

内航船員の教育という意味では，民間主導の仕組みが必要であり，業界組合や海洋共育センターがその中心にならなければいけないと思っています。

また，行政については内航海運への考えかたや予算配分がハードに偏っており，もっと教育を含めたソフトに予算を割いてほしいと思っています。

さらに，内航船の労働環境改善に関して注目，期待していることがあります。荷主と海運事業者（オーナー，オペレーター）との協議会です。2017（平成 29）年，国土交通省は，内航海運の新たな産業政策を「内航未来創造プラン ～たくましく 日本を支え 進化する～」としてとりまとめました。そのなかで，船員の労働環境の改善などを話し合う場として設けられたのがこの協議会です。石油，ケミカル，鉄鋼の 3 つに分けて，国土交通省が音頭を取り，年に数回，話し合いの場を設けています。これまで，このような話し合いの場はありませんでした。その意味で，船員の労働環境改善につながるのではないかと期待しています。

森　お忙しいところ，長時間にわたりお話を聞かせていただき，ありがとうございました。

第5章 内航海運が抱える課題と今後の展望

1 ▶ 内航海運が抱える課題

内航海運は多くの課題を抱えています。ここではこうした問題を整理し，今後について考えてみます。

課題として挙げられるのは，1967 年に「船腹調整事業」として始まり，その後「暫定措置事業」として継続されてきた枠組みが数年後には終了する見込みということです。このことで業界がどのように変わるのかに注目が集まっています。

2020 年から適用が開始される燃料の硫黄化合物への規制，いわゆる「SOx 問題」もあります。残り 1 年を切ったいまも具体的な見通しが立っていません。

また，中小オーナーのグループ化と船舶管理会社の利用促進もなかなか進展が見られません。2018 年，国土交通省は，船舶管理会社の利用拡大の方策の一つとして船舶管理会社の登録制度を設けました。

そして，何より最大の課題は船員の高齢化と船員不足です。外国人船員の採用を希望する声も出はじめています。

一方で，欧州からは自律運航船の話題も挙がっています。IT による技術革新が船員問題にも影響すると考えられます。

こうした課題について以下に整理してみました。

2 ▶ 内航海運暫定措置事業の終了に伴う動向

（1）内航海運暫定措置事業の概要

内航海運暫定措置事業は，1967（昭和 42）年から船腹過剰対策として実施されてきた船腹調整事業（スクラップ・アンド・ビルド方式）の解消に伴う引当資格の消滅がもたらす経済的影響を考慮したソフトランディング策として1998（平成10）年から実施されたものです。日本内航海運総連合会が実施，保有船舶を解撤等した者に対して交付金を交付するとともに，船舶を建造等する者から納付金を徴収し，収支が相償った時点で終了することになっています。

2015（平成27）年度で主要な事業であった解撤等交付制度は終了，2016（平成28）年度から環境性能基準や事業集約制度を導入した新しい建造納付金制度による借り入れ返済の枠組みへと移行しました。

（2）収支実績と今後の計画

内航海運暫定措置事業開始の1998（平成10）年から2015（平成27）年までの18年間で，自己所有船舶を解撤等した事業者に対して約1309億円の交付金が支払われました。一方，所要資金の返済原資となる建造等納付金は約1144億円でした。この期間の解撤等交付金の対象船舶は1746隻，206万6527総トン，建造等納付金の対象船舶は1609隻，358万9775総トンでした。この結果，2015年度末時点の借入金は330億円まで減少しました。借入金のピークは2004年末時点の855億円でした。

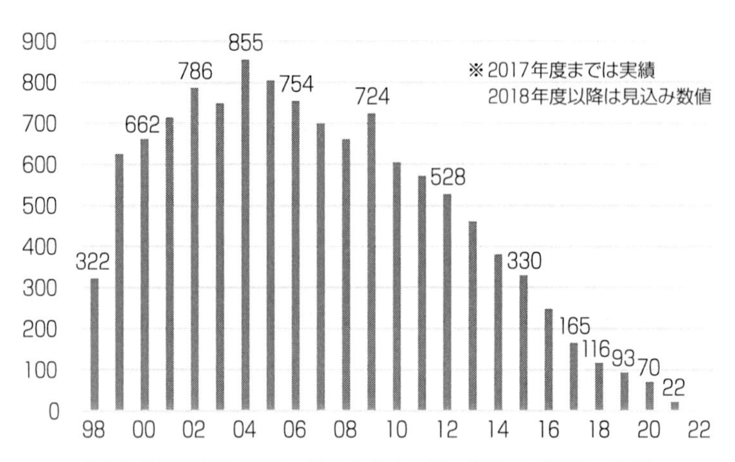

内航海運暫定措置事業の収支実績と今後の見込み（単位：億円）
（出所：日本内航海運組合総連合会ホームページ）

2017（平成 29）年 3 月末時点の資金管理計画では，2023（平成 35）年度までに収支が相償い，同事業の終了が見込まれています。現状，建造納付金が予想を上回っており，さらに前倒しで 2022 年にも同事業の終了が見込まれます。

(3) 内航海運暫定措置事業終了により考えられる主な影響

国土交通省は，内航海運暫定措置事業終了により発生すると考えられる影響について下記の点を指摘しています（国土交通省資料から引用）。

① 船舶の建造コストの負担軽減に伴う船舶投資の容易化。
② 一定の船舶需給の引き締め効果が失われることにより，急激な景気変動等に伴う船腹余剰状態の発生。
③ 環境性能の高い船舶の建造，船舶管理会社の活用等の取り組みを進めるインセンティブ機能の低下。

内航海運暫定措置事業の前身である船腹調整事業は，戦後の内航海運は石炭が主要輸送貨物でしたが，昭和 30 年代半ば以降，石炭から石油へとエネルギー需要が大きく転換するなかで発生した船腹過剰対策として実施されたという背景がありました。

現在もエネルギーの転換が起こりつつありますが，昭和 30 年代と大きく違う点は，内航海運業界は荷主を頂点としたピラミッド型の特異な市場を形成しており，極端な船腹過剰は起こりにくい構造になっていることです。だから将来も船腹過剰が起こらないということではありません。急激な需要構造の変化や，変化への対応の間違いなどで，一時的な船腹過剰状態を引き起こす恐れはあります。これは，強い強制力を持った船腹調整事業でもない限り，現在の市場経済下では，いつでも起こりうる現象であると考えるべきです。

むしろ，現在の制約された市場からより自由な市場へと変わることで，多少とも競争が促進されると見込まれますが，競争を通じて，業界の活性化が促進されることが期待されます。厳しい競争に生き残るためには，高品質の船舶の提供が要請されることから，むしろ環境性能の高い船舶の建造や船舶管理会社の活用は，より促進されると考えられます。

(4) 日本内航海運組合総連合会の今後について

内航海運暫定措置事業は，運輸大臣（現 国土交通大臣）が 1998 年 5 月 15 日に認可した内航海運暫定措置事業規程に基づき，日本内航海運組合総連合会（内航総連）による内航海運組合法第 8 条第 1 項第 5 号に基づく調整事業です。

大きな役割の一つである内航海運暫定措置事業が終了した後の内航総連の在りかたに関する論議が進行しています。内航海運暫定措置事業の終了が数年後に迫っており，新たな体制をつくるにも時間を要することを考えれば，早急に結論を出す必要があります。

「内航海運暫定措置事業は内航総連の主要事業のひとつであるだけでなく，内航総連が業界団体としての求心力を維持する仕組みとして機能してきた」[*1] と考えられています。

内航総連は業界団体としての機能も重要であり，この点を今後どのように評価するかでその在りかたも変わってきます。現在，内航総連は 5 つの組合で構成されています。各組合を構成する組合員の数や規模はさまざまであり，内航総連がこれらの組合を公平に代表しているのかという疑問の声もあります。主要な役割である内航海運暫定措置事業がなくなれば，いままでのような組織が必要かどうか。業界団体としての役割は必要であるというのは間違いないですが，どのような組織が良いのか。こうした点が議論の中心になるものと推測されます。現在，内航総連とそれを構成する各組合でこうした議論がされています。どのような結論になるのか注目されるところです。

3 ▶ SOx 問題

(1) SOx 問題とその対応策

船舶燃料に対する環境規制強化まで 1 年をきったなかで，対応策は不透明の

[*1] 津守貴之「ポスト暫定措置事業の方向」岡山大学経済学会雑誌 49(3)，2018．185–201

ままです。船舶燃料環境規制強化とは，船舶の硫黄酸化物規制です。酸性雨などの原因となる硫黄酸化物削減を目的に，国際海事機関（IMO）が策定したもので，船舶の燃料油に含まれる硫黄分の上限を段階的に引き下げ，2020 年 1 月 1 日から全海域を対象に現在の 3.5 % から 0.5 % に変更するというものです。

現在考えられている対策には次の 3 つの方法があります。

① 低硫黄燃料油に切り替える。

② 現在使用している C 重油をそのまま使用し，排気ガス洗浄装置（スクラバー）を取り付け，船上で排ガス脱硫を行う。

③ 燃料を LNG に切り替える。

SOx対策の3つの手段

燃料油	排気ガス洗浄装置（スクラバー）	LNG燃料
C重油の低硫黄燃料への切り替え	従来のC重油を使用し，船上で排ガス脱硫を行う	燃料をLNGに切り替える。LNG燃料はSOxゼロ，PMやNOx，CO_2も同時に削減
低硫黄燃料油は ・価格が不透明（C重油に比べ1.3～1.5倍） ・石油会社による供給が可能かどうか不透明 ・エンジンはそのまま使用可能だが，潤滑油変更などの可能性あり	・装置への投資（数億円） ・装置が大きく，機関室や貨物室のスペースへの影響，復原性への影響の可能性 ・既存船への搭載には工期が課題	・LNG船の船価（従来船の1.2～1.5倍） ・新造船に限られる ・陸側のLNG燃料供給体制の整備が必要

（出所：国土交通省資料を基に作成）

実施まで 1 年未満となった現在，現実的には，大部分の船舶で，燃料油の適合油（低硫黄燃料）への切り替え（C 重油または A 重油使用）しか選択肢はありません。

LNG 燃料船は新造船に限定されること，また，スクラバーを付けるには時間的制約があります。残り少ない時間のなかで工事できる隻数は非常に限定されます。スクラバーを提供できるメーカーは欧州に集中しており，日本にはわずかのメーカーしかありません。また，大きなスペースを取るために，取り付け可能な船舶が限定されます。多くの小型船では，実際には選択肢はないと言えます。

低硫黄燃料油使用の同等措置としてスクラバーを搭載して IMO に届けている船舶は世界で 117 隻です（国土交通省海事局，2017 年末現在）。欧米のクルーズ船や，北欧を航行する RORO 船や自動車船が大半を占めています。クラークソン・リサーチ（英）[*2] は，スクラバー搭載船舶は世界で 213 隻とレポートしています（国土交通省海事局，2017 年末現在）。IMO 集計による 117 隻の船籍は，バハマ（27％），フィンランド（21％），デンマーク（10％），ノルウェー（10％），マルタ（8％），ドイツ（5％）と続き，欧州諸国が大半を占めています。

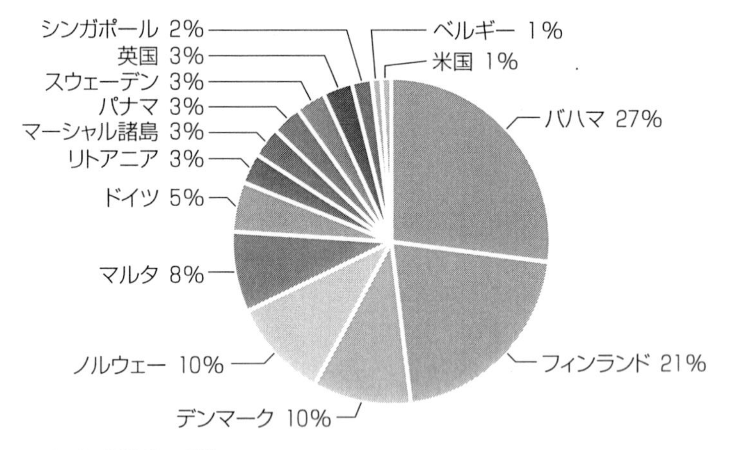

スクラバー搭載船舶の船籍（出所：IMO 情報を基に国土交通省海事局で集計，2017年末現在）

スクラバー提供メーカーは，スウェーデンの Alfa Lavel，フィンランドの Wartsila の 2 社で約 50％ を占めています。上位 5 社で 73％，上位 10 社で 92％ を占めています。上位 10 社のなかで 6 位の CR Ocean Engineering（5％），7 位の DuPont（5％）の 2 社以外はすべて欧州企業です。

[*2] クラークソン・リサーチ（Clarkson Research）は世界的な船舶や海運業に関する情報・データを提供する企業。

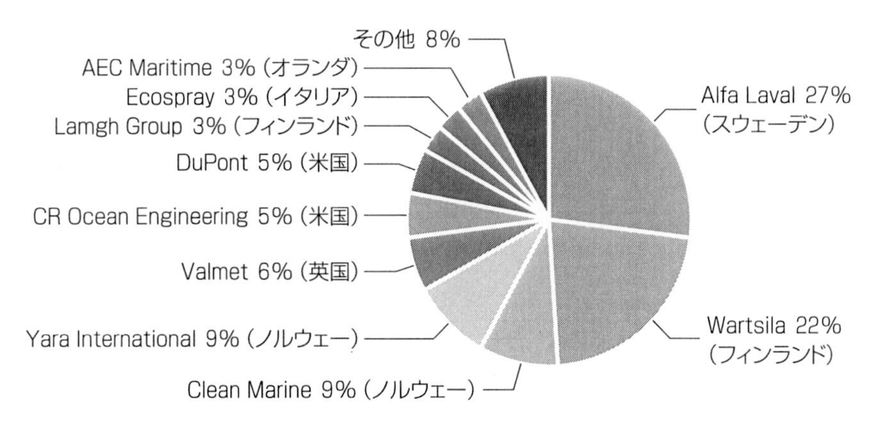

スクラバー提供メーカーのシェア（出所：IMO情報を基に国土交通省海事局で集計，2017年末現在）

(2) 現在の対応策の動向

内航船各社は様子見というのが現状ですが，外航船社のなかには新造船を中心に対応を明らかにしている船社もあります。CMA-CGMは，2017年発注した2万2000TEU型コンテナ船11隻へのLNG推進の採用を明らかにしています。一方，同時期に2万2000TEU型コンテナ船の新造を決めたMSCはスクラバー搭載を決めたようです。ワレニウス・ウィルヘルムセンも既存船20隻のスクラバー搭載工事を2022年までに行うことを決めました。このように外航船社でもその対応が分かれています。

ちなみに，「2000年にノルウェーで初のLNG燃料フェリー“Glutra”が就航して以来，現在では世界で100隻以上のLNG燃料船が就航しており，発注済みの新造船を含めると200隻以上となる。世界の商船全体から見ると一部ではあるが，近年新造船全体に占めるLNG燃料船の割合は増えており，2017年に発注された新造船の11%がLNG燃料船」*3 です。

---

*3 日本舶用工業会・日本船舶技術研究協会「欧州におけるLNG等新燃料を使用する舶用エンジンに関する開発動向及び使用環境調査」(2018)

(3) 燃料油の価格転嫁が課題

スクラバー搭載にしろ，適合燃料油への変更にしろ，大幅な燃料費コストアップは避けられません。通常，燃料油はオペレーターが負担するため，船主の関心は高くありません。また，内航船の多くが産業資材の輸送に従事しており，特定荷主の系列下にあり，緊密な関係にあるため，コストアップが具体化した時点で話し合いは比較的スムーズに行われると見込まれます。一方，定期貨物船，フェリー，RORO 船，コンテナ船など，不特定多数の荷主を抱える事業者は，燃料費の増加分がカバーできるかどうかが懸念されるところです。

新基準を満たすため C 重油を適合化するのか，それとも A 重油を使用するのか，その価格がどのくらいになるのか，まだ不透明なままです。現在の 1.5 倍という憶測もあります。

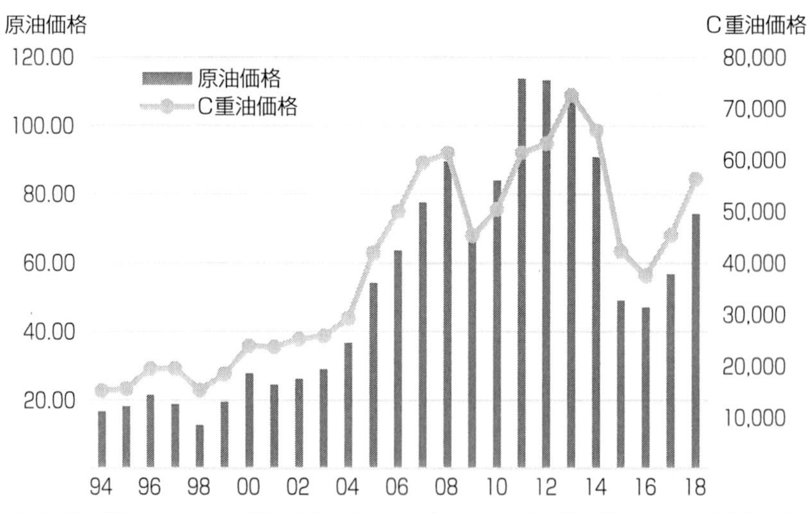

原油価格・C重油価格の推移（1994～2018年）
（出所：日本長距離フェリー協会ホームページを基に加筆ほか）

2018 年上半期の C 重油平均価格は 5 万 3950 円/kℓ，A 重油は 6 万 7600 円/kℓ でした。内航海運業界全体の燃料油使用料は，およそ A 重油 100 万 kℓ，

C 重油が 170 万 kℓ です。A 重油と C 重油の価格差は 1 万 3650 円/kℓ であったことから，仮に C 重油をすべて A 重油で代替するとすれば，業界全体では 232 億円のコスト増になります。また，C 重油の適合油の価格が現在の 1.5 倍になったと仮定すれば 459 億円のコスト増となり，業界として大きな影響を受けることになります。

業界としては今後の燃料油価格の動向から目が離せません。

4 ▶「登録船舶管理事業者制度」導入

「船舶管理とは，堪航性を有し，旅客又は，貨物を安全に運べる船舶を提供する」[*4] こと，言い換えれば，安全・高品質・コスト競争力のある船舶を提供することです。また，「船舶管理とは，海運業において広義には，船主業務のことをいう。すなわち，ある船舶に対して船員を配乗し，船用品・部品・潤滑油等を手配し，保険をかけ，修繕ドックを含む保守・整備をする等の諸業務」[*5] です。

中小船主の脆弱な経営基盤の強化や，要請が高まっている国際法の国内法制化などに対応するため，国土交通省はグループ化という言いかたで船舶管理会社の活用を推進してきました。国土交通省は，さらなる船舶管理会社の利用促進を図るために「登録船舶管理事業者制度」の導入を決めました。

2018 年 5 月に三友汽船株式会社（本社 兵庫県）と株式会社イコーズ（本社 山口県）が第 1 種船舶管理事業者として登録されました。10 月末までに，アローズ・ジャパン（本社 東京都），浪速タンカー（本社 東京都），アキ・マリン（本社 広島県），雄和海運（本社 熊本県）の他，合計 14 社が第 1 種船舶管理事業者に登録，その後さらに 6 社が加わり，2019 年 1 月末現在で 20 社となっています。

以下，これまでの国土交通省の船舶管理会社活用に関する施策の推移と「登録船舶管理事業者制度」についてまとめました。

---

*4 国土交通省海事局検査測度課監修「ISM コードの解説と検査の実際」成山堂書店（2008）p.64

*5 「船舶管理入門」編纂委員会編「船舶管理入門」日本海運集会所（2008）p.1

（1）船舶管理会社に関する国土交通省の対応

- 2005（平成17）年（2月海事局長通達）
  「船員職業安定法の一部改正に伴う船舶管理会社及び在籍出向に関する基本的考え方」
- 2008（平成20）年（3月公表）
  「内航海運グループ化について」（しおりおよびグループ化マニュアル）
- 2012（平成24）年（7月公表）
  「内航海運における船舶管理に関するガイドライン」
- 2017（平成29）年（10月～12月）
  「船舶管理会社の活用に関する新たな制度検討会」
- 2018（平成30）年（国土交通省告示第466号）
  「登録船舶管理事業者規定」
- 2018（平成30）年（3月海事局内航課長通達）
  「登録船舶管理事業者規定の解釈・運用の考え方について」

（2）登録船舶管理事業者規定

「登録船舶管理事業者規定」（平成30年国土交通省告示第466号）については，平成30年3月20日に公布し，同年4月1日から施行されました。「登録船舶管理事業者規定は，登録船舶管理事業者に対して必要な事項を定めることにより，その業務への適切な運営を確保し，内航海運業の健全な発達に資することを目的として定めるもの」（「登録船舶管理事業者規定の解釈・運用の考え方について」（平成30年3月海事局内航課長通達）から引用）です。

（3）第1種船舶管理事業者と第2種船舶管理事業者

第1種船舶管理事業者は，①船員配乗，雇用管理，②船舶保守管理，③船舶運航実施管理，これら3つの業務を一括して実施する事業者です。

第2種船舶管理事業者は，船舶保守管理業務に係る船舶の入渠時等の業務のみを実施する事業者をいいます。

なお，第 1 種登録を受けた事業者は，第 2 種登録船舶管理事業者として業務を行うことも可能です。

（4）登録船舶管理事業者制度で期待される効果

国土交通省は，「登録船舶管理事業者制度」の導入によって下記の 3 つの効果が期待できるとしています。

① 登録船舶管理事業者に係る情報の公表による，内航海運事業者の事業者選択の判断材料の多様化。
② 内航海運事業者による優良事業者の活用による，船舶管理業の適正な業務遂行の普及。
③ 船舶管理業に関する社会の認識の高まり，船舶管理業の健全な発展。

（5）登録船舶管理事業者制度の課題

内航海運において，船舶管理業務を船舶管理会社に委託することで，船員確保や国際条約への対応を含めた高い船質を保つことが可能であり，内航海運業界の今後の発展に必要なことと言えますが，これまで必ずしも船舶管理業務の船舶管理会社への業務委託は進んでいません。2012 年に国土交通省がガイドラインを作成・公表したときにも期待した効果は出ませんでした。

その背景には，船舶管理会社には法的制約がないことです。船舶管理会社には内航海運業法が適用されないことがあります。今回の登録船舶管理事業者制度の導入についても，ガイドラインと同様のことが懸念されます。2019 年 1 月末現在の登録事業者は 20 社です。登録者が伸びないのは，登録について強制力がなく，登録するかどうかの判断が事業者に委ねられているからと考えられます。また，登録事業者に対するインセンティブがなく，業界や船主にとっての効果は期待できても，登録の主体者である船舶管理会社側のメリットが明確でない点が挙げられます。今後の推移に注目したいところです。

ここでもう一つ考慮すべき点を挙げます。「登録船舶管理事業者制度」は，船船管理者の品質向上を促し，その利用を促進しようとするものであり，必要なことであるのは間違いありません。いわばサービスを提供する側の対策です。しかし，そのサービスを利用する側の視点も同時に考える必要があります。現状では，まだまだ船舶管理会社を起用することに懐疑的な船主も少なくありません。それは，コストであったり，船舶管理技術の伝承であったりと，理由はさまざまです。こうした，船主の不安材料を払拭する努力も続ける必要があります。

船主にとって船舶管理会社起用のメリット・デメリット

メリット	デメリット
① コストを含む数値の明確化 ② 保守を含む品質の向上 ③ バイイングパワーの強化 ④ システムの導入，利用 ⑤ 環境，安全管理の強化への対応力 ⑥ 人材教育，養成	① 船舶管理のブラックボックス化 ② 船舶管理技術が残らない：船舶管理ができる人材がいなくなる ③ 情報の漏えい ④ 船舶管理に関するコントロール機能喪失の恐れ

5 ▶ 自律運航船と船員不足問題

陸上交通では自動車の自動運転の実証実験がすでに行われており，実用化がスケジュールにのぼっています。空には（無人の）ドローンが多くの分野で利用されています。しかし，海上輸送の分野での自律運航船[*6]が注目されるようになったのは最近のことです。2016年にロールスロイスが，2025年までに自律運航による海上物流エコシステムを実現すると発表しました。同じころ，ノルウェーの化学肥料メーカーのYara Internationalが無人コンテナ船を開発・建造し2019年に就航させるなどのニュースが報道されて，にわかに注目を浴びるようになりました。日本では，こうした欧州の動きに押される形で，2017年ころから，国土交通省や民間で自律運航船に関する研究が熱を帯びてきました。

[*6] 自律運航船，自動運航船，無人化船など，さまざまな呼びかたがされている。ここでは自律運航船という言いかたに統一する。なお，これは必ずしも無人化船を意味するものではない。

欧州を中心に進行している自律船に関するプロジェクト

プロジェクト	主体	概要
Yara Birkeland	Kongsberg	Kongsbergが，ノルウェーの化学肥料メーカーのYara Internationalと共同で世界初の電動無人コンテナ船（120TEU）「YARA Birkeland」を開発・建造し，2020年に就航させる計画。当面は有人で運航し，遠隔操船を経て2022年に無人運航を実現させるとしている。
SIMAROS	Kongsberg	海洋石油・天然ガス開発に用いられるOSV（Offshore Support Vessel）に関して，世界初の無人自動運航OSV「Hrönn」の実現を目指す。英国のAutomated ShipsとノルウェーのKongsbergが共同で2016年に立ち上げ，フランスのBourbonも参加。2018年の就航を目指していたが，現在，プロトタイプ建造のための資金集めの途中とのことであり，具体的スケジュールは未定。
One Sea	Rolls Royce	2016年に開始されたフィンランドのプロジェクト。バルト海における2025年までの自律運航による海上物流エコシステム（商業運航）の実現が目標。フィンランド沿岸に試験海域が設けられ，2018年12月に世界で初めて完全自律フェリーの運航実験に成功したと公表。
SVITZER	Rolls Royce	マースクライン傘下のタグボート運航会社SVITZER社との共同によるリモート操縦タグボートの建造プロジェクト。2017年6月，コペンハーゲンにてデモンストレーション実施。
Autonomous Shuttle Ferry	NTNU他	Kongsbergなどとの共同でセンサーフュージョン※や衝突回避アルゴリズムの開発・模型実験などを実施している（AUTO SEAプロジェクト）。独自の実用化プロジェクトとして，市内交通用の全電化無人小型フェリーボート（Autonomous Shuttle Ferry）の研究を行っている。
ROMAS	Høglund Marine Automation他	2017～19年の3年間プロジェクト。DNV-GLを中心に，ノルウェーの船舶の状態監視システムなどのハード/ソフトメーカーであるHøglund Marine AutomationおよびノルウェーのFjord1の内航フェリー会社であるFjord1の3社による共同事業。プロジェクト資金は総額950万ノルウェークローネ（約1億円）。
ROBOAT	AMS	AMS（Amsterdam Institute for Advanced Metropolitan Solutions）が，米MIT，デルフト工科大学などとの共同により，都市圏内の人流・物流手段として自律船の実用化を目指す調査研究プロジェクト。2016年9月にプロジェクト発表。アムステルダム市内交通のみならず，世界中の都市への展開を期待。研究期間は5年間で，予算規模は2500万ユーロ。https://www.ams-institute.org/roboat/

（出所：一般財団法人日本船舶技術研究協会「自律型海上輸送システムの将来像及び期待されるビジネスモデルに関する調査研究」（2017年度成果報告書）を基に作成）

※センサーフュージョン（Sensor Fusion）：複数のセンサーのデータを組み合わせるソフトウェア。個々のセンサーの欠陥を補正し，正確な位置と姿勢を算出することができる。

(1) 我が国における自律運航船への取り組みの現状

国土交通省は自律運航船の実用化に向けたロードマップを作製，積極的に技術開発や実証実験を支援していく体制を整え，2025 年の実用化を目標としています[*7]。実用化に向けて，2018 年より予算を確保し，技術実証の実施を始めました。①自動操船機能（10 百万円），②遠隔操船機能（35 百万円），③自動離着桟機能（30 百万円）などの実証実験に補助金を出すことが決まっています。他にも，総合政策局技術政策課の「交通運輸技術開発推進制度」によって，「人工知能をコア技術とする内航船の操船支援システム開発」に対して神戸大学，MTI，日本海洋科学に補助が出ることになりました。

民間では，2017 年 8 月に，国土交通省の支援の下，日本船舶技術研究協会を事務局にして「自律型海上輸送システム研究委員会」が立ち上がりました。技術，制度・インフラ，事業の 3 つのグループに分かれて研究が進められています。これらの委員会は，造船，海運，舶用機器メーカー，研究者など，多くの分野から成り立っています。その後，ビジネスモデル検討部会には日本財団も支援に加わり，自律運航船の研究も活発化しています。

このように見てくると，自律運航船については欧州が先行しており，日本が大きく出遅れているように見えますが，必ずしもそうではありません。欧州における自律運航船への取り組みのベースにあるのは環境問題です。Yara の無人コンテナ船への取り組みも，根本は完全電気推進のコンテナ船の開発から無人化へというプロセスです。環境問題への対応というニーズが高いということが背景にあります。

日本においても，実はかなり以前から研究は進められていました。たとえば 2006 年には，宇部興産海運，東京海洋大学，海上技術安全研究所，三井造船昭

[*7] 国土交通省は自律運航船の実現ロードマップを 3 段階（Phase 1～3）に分け，2025 年に Phase 2 の実現を目指している（国土交通省では「自動運航船」と呼んでいる）。Phase 2 の自律運航船は，「船上機器がシステムとして統合・相互に通信しながら一体的に機能し，高度な解析技術や AI 技術によって，船員が取るべき行動の具体的な提案を行い，また，判断に必要な情報を視聴覚的に提示する船舶や，陸上からの船上機器の直接的な操作も可能となる船舶を想定（依然として最終意思決定は船員）」している。（国土交通省交通政策審議会海事分科会海事イノベーション部会報告書）

島研究所などにより，「新栄丸」を使用して入港から着桟までの操船を最短時間とするような実験が行われました。また，2007年には，三井造船，英雄海運，海上技術安全研究所などによる自動離着桟の実証実験が実施されました[*8]。

三井E&S[*9]は，2018年には簡易自律操船システムを東京海洋大学の「汐路丸」に搭載し，自律航行アルゴリズムの検証を実施しました。2019年には自律操船システムを国内大型フェリーに搭載し，自律操船システムの動作確認・調整を実施する予定です。2020年に国内大型フェリーを用いて自動離着桟，自動避航，遠隔監視の実証実験を行う予定です。同社は，すでに自律操船システムのベースとなる装置は開発済みです[*10]。1985年以降，自衛艦，海洋調査船，巡視船などに搭載され，活躍しています。

日本の自律運航船への取り組みが遅れているように見えるのは，これまで各産業でそれぞれ個別に取り組んできたこと，およびそれを大きく前面に出さず，マスコミも大きく取り上げなかったことにあります。ここにきて，造船や舶用機器メーカーにユーザーである海運会社が連携して開発に取り組むようになったことが大きいと思われます。ただし，こうしたプロジェクトを統括するインテグレーターの役割を果たす事業者がいないことが大きな課題であると言えます。

（2）自律運航船推進のためのインテグレーターの必要性

自律運航船の実用化に向けてプロジェクトを統括し推進する役割を果たすことができる事業体は何かというと，第1に海運会社，2番目が造船会社，3番目にコンサルティング会社が挙げられます。第1，第2は説明不要であると考えられますが，第3番目については少し説明が必要でしょう。物流業界に3PL

*8 内航白油タンカー「茂丸」に，アンカーの投入，タグボートの支援などを一切用いずに自動着離桟可能な操船制御装置を装備。

*9 旧三井造船，2018年4月に社名変更。

*10 三井E&Sの自律化船につながる技術には，操船システムMMS（Mitsui Ship Maneuver Control System）やモニタリングシステムFleet Transfer，Fleet Monitorがある。

(Third Party Logistics)*11 というビジネスモデルがあります。とくに米国では，アセット（資産）を持たず荷主と包括的物流契約を結び，物流会社を下請けにして 3PL サービスを提供するコンサルティング会社があります。これと同様のことが MTI や日本海洋科学には可能かもしれません。

インテグレーターとして最も可能性があるのは海運会社です。具体的には，技術力と資本力から，外航海運会社の大手 3 社に絞られると思われます。現在のビジネスの流れは，プラットフォームをつくることです。すべての事業のサービス化です。たとえば，ZARA やユニクロを SPA（製造小売）といいます。ZARA は小売りから製造へ，ユニクロは製造業から小売りへと，製造と小売りを一体化しています。アップルに見られるようにプラットフォームをつくり，それをベースに製造し，サービスを提供しています。もっと近い例は，JR 各社のビジネスモデルです。JR 東日本は鉄道輸送サービスを行っているだけではありません。その使用する車両を新潟県の新津事業所で製造しているのです。JR 東海も新幹線車両は社内で技術開発を行っており，製造は子会社の日本車両が行っています。輸出するのは車両ではなくてシステム，といった具合です。

海運会社においても同様のビジネスモデルが可能です。海上輸送サービスを提供するとともに，そのサービスに必要なハードウェア（船舶）を製造，そのハードウェア（船舶）の自律運航システムを開発し，同時に開発した船舶およびシステムの販売を事業領域とするというものです。海上輸送サービスだけを事業領域とした場合，下請けに甘んじるしかなくなるということが懸念されます。たとえば，先述のノルウェーの Yara のように，荷主が自ら船舶を建造・運航して海運に乗り出すケースもあります。競争が海運会社だけでなく荷主を含む他の産業にまで及ぶのです。トヨタの競争相手は，自動車会社ではなく，グーグルやアマゾンなどです。

また，自社のために開発したシステムの余剰部分を外部に販売するというビ

---

*11 国土交通省の定義では「荷主に対して物流改革を提案し，包括して物流業務を受託する業務」（平成 9 年「総合物流施策大綱」より）。日本では，アセット（資産）を有する物流会社が 3PL プロバイダーとなることが多い。

ジネスも一般化しつつあります。その代表がアマゾンです。アマゾンウェブサービス（AWS）は，いまやアマゾンの稼ぎ頭です。また，自社のための物流施設を外販しており，その意味でアマゾンは物流企業にとって競争相手でもあるのです。

（3）自律運航船の実現が船員不足の解決に貢献

「自律運航に船員の職場が奪われる」というのではなく，「自律運航技術の導入によって，船（現場）の人手不足を解消する」というように発想を転換することが必要です。自律運航船はすぐに無人化を意味するものではありません。ただし，船員の仕事は，監視や遠隔操作などへと大きく変わることは間違いありません。しかし，そうした変化を恐れるのではなく，現実に足りない人手を解消するための方策として自律運航技術を取り入れることを考えるタイミングです。また，船員不足だけでなく，安全という観点からも自律運航船が海運界に大きく貢献することは間違いありません。

6 ▶ 外国人船員導入の可能性

目先の船員不足を解消するには，まず日本人船員を養成する必要があります。しかし，根本的な解決は難しいのが現実です。だとすれば，定員を減らすか外国人船員を採用するかの選択になります。過去の外航海運は，その結果，混乗（＝外国人船員の採用）へと方向性が出来ていきました。

内航海運では，コスト削減効果がないとか言葉の問題などが，導入できない理由として挙げられますが，いまやコストの問題ではないし，言葉などは解決できない問題ではありません。したがって，内航海運に外国人船員を採用することは決してできないことではありません。しかし，過去に外航海運が選択した状況と異なる点が 2 つあります。一つは，外航海運はいったん外洋に出れば自己完結です。そのためには一定の人数が必要です。一方，内航海運は沿岸を航行するため，陸上の支援が得られます。もう一つは IT 技術の急速な発展です。先述の自律運航船の実現によって，将来は船員数を大きく削減することが可能です。欧州の状況などを見ると，船舶の自律運航船の導入・拡大の流れの方向性は決まりつつあります。したがって，自律運航船が拡大すれば，長期的に見れば船員不足は大きな問題ではなくなります。むしろ，変化する仕事に対するスキルを持った人材を如何に養成するかが課題になると予測されます。つまり，船員不足は，中短期的な問題として考えるべきです。こうした状況を考慮して，目先の船員不足の問題に取り組む必要があるのではないでしょうか。

ただし，以上は操船（航海，機関）についての話です。内航海運には，航海士や機関士の他にも部員，あるいはフェリーではサービススタッフもいます。日本の内航船では部員の需要は少ないといわれますが，RORO 船やフェリーには少なからず部員も必要です。また，フェリーには多くのサービススタッフがおり，これらの職種でも人手不足が深刻であると聞きます。日本で働く外国人はすでに 127 万人います。そのうち技能実習生が約 25 万人です。いまや技能実習生は，人材育成という本来の姿よりも，人手確保の意味合いが濃くなっているのが実情です。人手不足を背景に，厚生労働省は今後対象を拡大し，その業種を 79 職種に広げる意向です。拡大する職種のなかに，海運は含まれていません。政府は対象職種を拡大する方針を出しているのに，どうして海運も対象業種に入れるように申請しないのでしょうか。有資格者は別にして，サービススタッフや部員であれば，技能研修として実際の日本の接客やサービス，あるいはフェリーや RORO 船の作業を学び，帰国しても役に立つ，つまり本来の意味の技術移転につながるものです。組合との話し合いは必要と思いますが，あくまで国際貢献の一環である研修と考えれば，一考すべきではないかと考えます。

7 内航海運の今後の展望

内航海運・フェリー業界にとって，当面は視界不良，先行き不透明な状況が続きそうです。フェリー業界では新造船の投入は一息ついた感がありますが，内航海運では船員と船舶の高齢化の問題は続いています。その意味では，フェリー業界より内航海運のほうが抱える問題は多く，より深刻です。

目先の問題は，内航海運，フェリー共通の問題として SOx 対策があります。

この点についていえば，内航海運よりフェリー業界のほうがより深刻に捉えています。実施まで残りわずかという時間的制約のなかで，根本的な解決策が見えないという状況が続いています。これに原油・燃料油の高騰が加わるとダブルパンチとなります。原油価格の動向からも目が離せません。

内航海運にとっては，内航海運暫定措置事業終了が数年後に迫っており，同事業終了後の業界秩序をどのように構築するのか，方向性を決めることが喫緊の課題の一つです。

中期的な課題としては，エネルギー構造変化への対応，環境問題への対応などがあります。歴史を振り返れば，内航海運はエネルギーが石炭から石油に代わったときに大きな混乱に陥りました。同じことが再び起こらないという保証はありません。すべての自動車が電気自動車になったらどうなるでしょう。エネルギー輸送構造は大きく変わることが容易に想像できます。いまからそういう事態に備える心構えが必要なのではないでしょうか。

現代の企業活動は，規模が拡大するだけでなく，複雑になっています。こうしたなかで，内航海運も単独の産業として生きていく時代ではなくなりつつあります。企業のサプライチェーンの構成要素として，その全体のなかで自らの役割を果たすべく，ビジネスの動向をつねに注視することが求められています。

最後に，技術革新について触れておきます。海運業界ではこれまで，産業構造を変えるような大きな技術革新はコンテナ船の登場くらいでした。しかし現在，IoT，AI，ICT などの言葉に代表されるように，こうした IT 技術の急速な発展で社会全体が大きく変わろうとしています。空ではドローンの商業利用が始まっています。陸上では無人自動車の実用化も遠い先の話ではありません。自律運航船の登場も視野に入って来ました。工場や倉庫ではロボットが活躍しており，青島港や上海港のコンテナターミナルではガントリークレーンの無人化・遠隔操作が実現しています。近い将来，貨物は，海上輸送を含め工場から工場まで人手を介さずに輸送する時代がやってくると考えられます。それは，遠い未来の話ではありません。こうした時代の変化に取り残されれば，企業の，そして産業の衰退を招くことになります。目先の問題だけでなく，さらに先を見ることも必要だと思います。

こうした時代には，船員に求められる役割も変わってくると思われます。単に船の操船をして貨物を運ぶというのではなく，船の安全確保や航行の管理・監督といった役割に重点が移ってくるでしょう。しかし，このように役割が変化しても船員が不要になることはありません。まだまだ，内航海運には船員としての若い力が必要です。

解　説

(1) オーナーとオペレーターはどう違うの！？

内航海運事業者は，事業形態によって運送事業者（オペレーター）と貸渡（かしわたし）事業者（オーナー）に分けられます。運送事業者は，他人の輸送需要に応じて，物品の内航運送を業とする事業です。貸渡事業者は，内航運送の用に供される船舶の貸渡事業，つまり所有する船舶で自ら運送事業を行うのではなく，船舶の運航事業者に貸し出すこと自体を事業とするものです。法令上は，2005（平成17）年4月1日に内航海運業法が改正され，内航海運運送業および内航船舶貸渡業の区分は廃止されましたが，いまでも運送事業者を「オペレーター」，貸渡事業者を「オーナー」と呼んでいます。

また，その所有する船舶によって登録事業者と届出事業者に分類されます。総トン数100トン以上，または船舶の長さが30メートル以上の船舶によって内航海運業を行うものが登録事業者，100総トン未満，長さ30メートル未満の船舶で内航海運業を営むものが届け出事業者であると内航海運業法第3条に定められています。

2016年3月末現在の内航海運事業者は3040社あります（休止等事業者470社を除く）。運送事業者1510社，貸渡事業者1530社です。また，登録事業者と届出事業者の分類では，登録事業者1981社，届出事業者は1059社です。

貸渡事業者（登録事業者）1344社のうち，所有船舶1隻のいわゆる「一杯船主」が62.7％を占めています。所有船舶2隻が19.3％です。2隻以下が82.0％であり，小規模零細事業者が主体です。このため後継者の確保が難しくなっています。ちなみに，運送事業者（登録事業者）の運航隻数1隻は38.9％，2隻が16.2％です。こうした零細貸渡事業者を底辺にしたピラミッド構造が内航海運業界の特徴です。荷主と契約して貨物を運送する元請運送事業者（192社）を頂点に，その下で運送事業を行う2次・3次運送事業者（1318社），さらにその下に位置する貸渡事業者（1530社）という構造になっています。元請運送事業者のなかでも上位 60 社の運送契約量は総輸送量の 80％ を占めています。

内航事業者数（2016年3月31日現在）

区分	登録事業者	届出事業者	合計
運送事業者（オペレーター）	637	873	1,510
貸渡事業者（オーナー）	1,344	186	1,530
合計	1,981	1,059	3,040

（出所：日本内航海運組合総連合会「内航海運の活動」（平成28年度版））

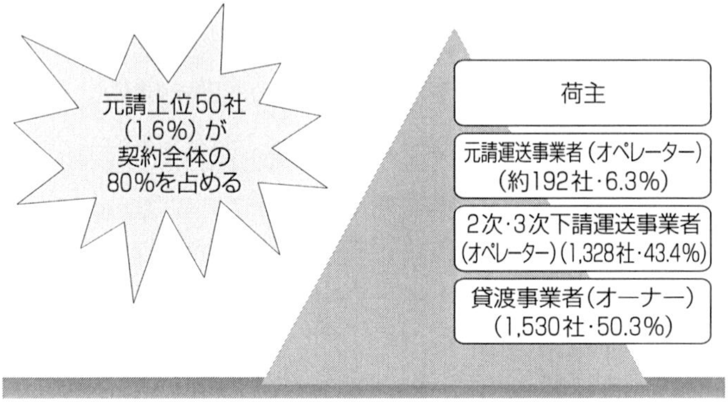

内航海運の市場構造

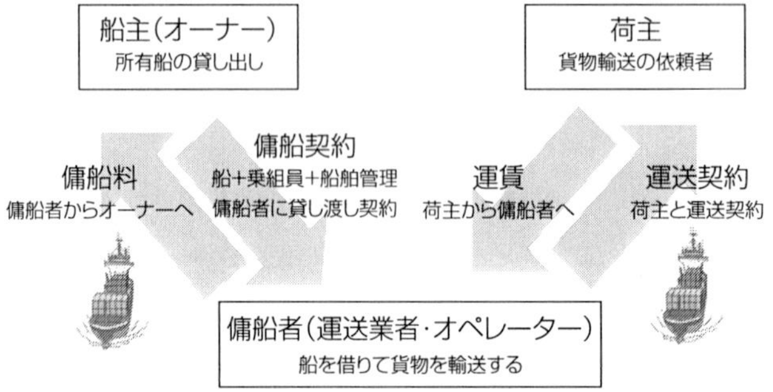

オーナーとオペレーター／荷主の関係

(2) 船舶管理会社って何をする会社！？

「船舶管理」というのは具体的に何をするのでしょうか。国土交通省によると「船舶管理とは，堪航性を有し，旅客又は，貨物を安全に運べる船舶を提供する」[*1]とあり，言い換えれば，安全・高品質・コスト競争力のある船舶を提供することです。また，「船舶管理とは，海運業において広義には，船主業務のことをいう。すなわち，ある船舶に対して船員を配乗し，船用品・部品・潤滑油等を手配し，保険を掛け，修繕ドックを含む保守・整備をする等の諸業務である」[*2]といった説明になります。

従来，船主はこうした業務を社内組織で行ってきました。欧州では，1960年代以降の海上荷動き増加で，海運経営者の分業志向により，船主における船舶管理を一つの独立した事業として取り扱う形態が生まれました。1980年代以降発展し，「船舶運航」「傭船」市場に次ぐ第3の海運市場として「船舶管理市場」を形成していきました。日本においては，外航海運の分野で1980年代末から1990年代頃から導入が始まりました。

船舶管理の独立した事業を「船舶管理業」といい，その事業体を「船舶管理会社」と呼びます。つまり船舶管理会社は，船主の船舶の所有と管理を分離し，その管理業務を受託する企業ということができます。その受託形態によって，「フル管理（フルマネージメント）」と「部分管理（パーシャルマネージメント）」に分けられます。船舶管理会社が行う業務は，船員管理，保守管理および運航管理の3つであり，これらをすべて行うことを「フル管理」と呼んでいるわけです。

船舶管理会社については，現在のところ法律における定義はなされていません。「船舶管理会社は船主の代理人である」というのがその立場です。したがって，船舶管理会社が代理人としての権限の範囲内で行った行為の結果は船主に帰属します。また，管理契約上の義務違反の場合のみ，船主への賠償義務がありますが，きわめて限定された範囲です。船舶管理会社は，船主の代理人

[*1] 国土交通省海事局検査測度課監修「ISMコードの解説と検査の実際」成山堂書店（2008）
[*2]「船舶管理入門」編纂委員会編「船舶管理入門」日本海運集会所（2008）

として，船主の利益を擁護・増進するために最善の努力をすることが期待されますが，その評価は難しく，個々の船舶管理会社の品質が問われます。

世界の主要船舶管理会社は，1990 年代に 500 社以上あると言われましたが，品質重視の厳しい競争の時代になり，2000 年代に入って，撤退，集約・淘汰が進んだ結果，現在では 200 社程度と推計されます。しかし，零細企業が多いことや，その事業内容もまちまちであることから，正確な数字は把握されていないのが現状です。また，推計 200 社のうちで一定水準以上の規模と管理レベルを有する企業はその半分程度とみられます。

船舶管理の構成要素と関連法規

	構成要素	内容	関連法規
船舶管理 「堪航性を有し，旅客または，貨物を安全に運べる船舶を提供する」 ⇒安全･高品質･コスト競争力のある船舶の提供	船員管理	資格のある，適切な乗組員の配乗，雇用管理	• 船員法 • 船員災害防止活動の促進に関する法律 • 船舶職員及び小型船舶操縦者法および船員労働安全衛生規則ならびに関連する施行規則など
	保守管理	運航に必要な資機材の供給，船舶の安全運航のための整備	• 船舶安全法 • 船舶のトン数の測度に関する法律 • 船舶設備規程 • 船舶防火構造規則 • 船舶救命設備規則 • 危険物船舶運送及び貯蔵規則ならびに関連する施行規則など
	運航管理	安全運航と海洋汚染防止の技術支援	• 海上衝突予防法 • 海上交通安全法 • 港則法 • 水先法 • 海洋汚染等及び海上災害の防止に関する法律 • 電波法ならびに関連する施行規則など

（出所：「船舶管理入門」編纂委員会編「船舶管理入門」日本海運集会所（2008），「船舶管理実務」（基礎編）一般社団法人日本船舶機関士協会技術委員会編（創立60周年記念事業）（2012）などを参考に作成）

※船舶の「運航」あるいは「運航管理」という場合，広義には，配船，スケジュール管理，寄港地の選択，積荷の選択・手配，船舶代理店や貨物積み揚げ業者の手配，水先人・タグボート・綱取り離し作業員の手配，燃料手配・積み込みなどの業務を含めている場合があるが，これらは用船者（運航者）業務（Charter's Matter）であり，ここで扱う船主業務（Owner's Matter）には含めない。

日本船舶管理者協会によると，日本における内航海運を主な対象とした船舶管理組織はおよそ 13 で，海外の船舶管理会社に比べると全体としての規模はまだまだ微々たるものです。

(3)「カボタージュ」って何ですか！？

「カボタージュ（cabotage)」とは，フランス語の「caboter」に由来し，公海に出ることなく同一国の沿岸に沿って行われる輸送を意味しており，国内各港間における旅客，貨物の沿岸輸送，いわゆる国内輸送のことです。国内沿岸輸送に従事する権利は自国海運保護の一形態として自国籍船に留保し，外国籍船による国内の各港間の沿岸輸送を禁止することは，明示の条約を要しない国際慣習法上確立したものであり，二国間の通商航海条約においても除外されています。

つまり，日本国内の海上輸送である内航海運に従事できるのは日本の船舶だけであるということです。そのため，内航船の乗組員は全員が日本人であり，外国人の乗組員は認められていません。外国航路の船の多くが便宜置籍船とい

船舶法（明治32年3月8日法律第46号）

第一条　左ノ船舶ヲ以テ日本船舶トス
一　日本ノ官庁又ハ公署ノ所有ニ属スル船舶
二　日本国民ノ所有ニ属スル船舶
三　日本ノ法令ニ依リ設立シタル会社ニシテ其代表者ノ全員及ビ業務ヲ執行スル役員ノ三分ノ二以上ガ日本国民ナルモノノ所有ニ属スル船舶
四　前号ニ掲ゲタル法人以外ノ法人ニシテ日本ノ法令ニ依リ設立シ其代表者ノ全員ガ日本国民ナルモノノ所有ニ属スル船舶

第三条　日本船舶ニ非サレハ不開港場ニ寄港シ又ハ日本各港ノ間ニ於テ物品又ハ旅客ノ運送ヲ為スコトヲ得ス但法律若クハ条約ニ別段ノ定アルトキ、海難若クハ捕獲ヲ避ケントスルトキ又ハ国土交通大臣ノ特許ヲ得タルトキハ此限ニ在ラス

船舶法施行細則（明治32年6月12日逓信省令第24号）

第三条ノ二　船舶法第三条但書ノ規定ニ依リ特許ヲ受ケントスルトキハ管海官庁（不開港場寄港ノ特許ニ在リテハ当該不開港場、日本各港ノ間ニ於ケル物品又ハ旅客ノ運送ノ特許ニ在リテハ当該物品ノ船積地又ハ当該旅客ノ乗船地ヲ管轄スル地方運輸局長（運輸監理部長ヲ含ム））ヲ経由シ申請書ヲ提出スヘシ

って便宜上外国の国籍を有することで外国人船員が乗り組んでいるのと大きく違う点です。

ただし，船舶法第3条のただし書きに「国土交通大臣の特許を得たるときはこの限りに在らず」との規定があって，しばしばこの運用が問題となっています。

(4) 操舵号令って何ですか！？

船の舵を握るのは船長や航海士ではありません。船長や航海士が，船の状態や周囲の状況を見て「面舵一杯（おもかじいっぱい）」「取舵一杯（とりかじいっぱい）」などの号令を発します。その号令を受けて実際に舵を操作するのは操舵手（Quarter Master）です。これらの号令を「操舵号令（そうだごうれい）」と呼びます。とくに，港内で離着岸時には舵の細かい操作が要求されるため，操舵号令も細かく規定されています。

また，機関（エンジン）の出力の操作にも決まった号令があります。これを「機関号令（エンジン・オーダー）」といいます。

操舵号令を行う航海士（左）と舵をとる操舵手（右）
（出所：旭タンカーのホームページ）

舵輪（ホイール）と自動操舵装置（オートパイロット）
（出所：旭タンカーのホームページ）

国際海事機関（IMO）による標準操舵号令が一般的に使用されています。そのため，基本的に操舵号令は英語です。前進「アヘッド（Ahead）」，後進「アスターン（Astern）」，全速「フル（Full）」，半速「ハーフ（Half）」，微速「スロー（Slow）」，極微速「デッド・スロー（Dead Slow）」などで，これらを組み合わせて号令が出されます。

船長または航海士が操舵手に操舵号令をかけ，操舵手は号令を復唱してから舵を操作し，指示された舵角に整定後，再度復唱報告します。

ちなみに，操舵号令としては，左に舵をとることを「ポート（Port）」といい，右に舵をとることを「スターボード（Starboard）」といいます。「Starboard」は昔，船の舵が右舷側に配置されていたことから，「Steer（配置，操作する）」「board（板，舵）」がなまって「Starboard」となったといわれています。「Port」は，舵のついていない側を港に着けるため，左舷側を「Port（港）」と呼ぶようになったそうです。

以下に，操舵号令および機関号令の主なものを記載しておきます。

＜主な操舵号令・機関号令＞

- レッコー：係船ロープを外す。
- スターボード（Starboard）：面舵。右に舵をきる。舵角をつけて号令する。たとえば，Starboard Twenty（右に 20 度）。
- ポート（Port）：取舵。Port Twenty は，左に 20 度。
- ハード・ア・スターボード（Hard-a-starboard）：面舵一杯。
- ハード・ア・ポート（Hard-a-port）：取舵一杯。
- フル・アヘッド（Full Ahead）：全速前進。
- ハーフ・アヘッド（Half Ahead）：半速前進。
- スロー・アヘッド（Slow Ahead）：微速前進。
- デッド・スロー・アヘッド（Dead Slow Ahead）：極微速前進。
- ミジップ（Mid Ship）：舵を中央（まっすぐ）にする。
- ステディ（Steady）：（回頭を止めて）針路を維持する。
- ステア（Steer）：針路を指示する。ステア 105（Steer one zero five）は，

「針路 105 度に舵を取れ」。

- イーズ・ツー（Ease to）：舵を（指示の度まで）戻す。イーズ・ツー・5（Ease to Five）は，「舵を 5 度まで戻せ」。
- ストップ・エンジン（Stop Engine）：エンジン停止。

※「後進」の場合は，「アヘッド」の部分が「アスターン」になります。たとえば，「スロー・アスターン」（Slow Astern）は「微速後進」です。

取材協力者・団体・企業一覧

（五十音順，敬称略，役職などは取材時）

《団体・企業》

旭タンカー株式会社

株式会社イコーズ

井本商運株式会社

一般社団法人海洋共育センター

川崎汽船株式会社

川崎近海汽船株式会社

吉祥海運株式会社

株式会社キョウショク

佐藤國汽船株式会社

白石海運株式会社

新日本海フェリー株式会社

独立行政法人鉄道建設・運輸施設整備支援機構

株式会社デュカム

国立波方海上技術短期大学校

日本内航海運組合総連合会

早駒運輸株式会社

日生地区海運組合

福寿船舶株式会社

《取材協力者》

第２章

大畑幸三　イコーズ株式会社

　（井本商運株式会社所属コンテナ船「さがみ」一等航海士）

亀山遥　川崎近海汽船株式会社

　（RORO 船「第二ほくれん丸」三等航海士）

定益春香　新日本海フェリー株式会社
　（フェリー「あざれあ」船客部ショップマネージャー）

田中奈津美　株式会社キョウショク
　（佐藤國汽船所属 RORO 船「王公丸」司厨長）

永井康夫　早駒運輸株式会社
　（タグボート「早雄丸」一等航海士）

村井信広　旭タンカー株式会社
　（タンカー「新旭東丸」二等機関士）

渡邊晶子　白石海運株式会社
　（タンカー「大島丸」機関員）

第 3 章

岩﨑泰整　岩崎汽船株式会社 常務取締役

江木賢一　有限会社新東汽船 専務取締役

下林健人　下林汽船有限会社 代表取締役

丹羽耕一郎　丹羽汽船株式会社 代表取締役

第 4 章

岡部涼子　福寿船舶株式会社海運部 課長

小比加恒久　日本内航海運組合総連合会 会長

蔵本由紀夫　海洋共育センター 理事長

黒田寧音　国立波方海上技術短期大学校 学生

澤田幸雄　国立波方海上技術短期大学校 校長

白石紗苗　白石海運株式会社 取締役

本郷俊介　国立波方海上技術短期大学校 学生

横川竜也　国立波方海上技術短期大学校 学生

【著者】

森 隆行（もり たかゆき）

1952年 徳島生まれ。
大阪市立大学商学部を卒業後，大阪商船三井船舶株式会社（現・商船三井）に入社。2006年，商船三井を退職し，流通科学大学教授に着任。現在に至る。
タイ王国立メーファルーン大学客員教授，大阪市港湾審議会会長，日本海運経済学会副会長，日本ロジスティクスシステム協会（JILS）関西支部運営委員会委員長。
著書：『現代物流の基礎』（同文舘出版）
　　　『大阪港150年の歩み』（晃洋書房）
　　　『神戸客船ものがたり』（神戸新聞総合出版）
　　　『神戸港 昭和の記憶』（神戸新聞総合出版）
　　　『水先案内人』（晃洋書房）他

ISBN978-4-303-16416-4

海上物流を支える若者たち

2019年5月11日　初版発行

著　者　森隆行　　検印省略
発行者　岡田雄希
発行所　海文堂出版株式会社

本　社　東京都文京区水道2-5-4（〒112-0005）
電話 03(3815)3291(代)　FAX 03(3815)3953
http://www.kaibundo.jp/
支　社　神戸市中央区元町通3-5-10（〒650-0022）

日本書籍出版協会会員・工学書協会会員・自然科学書協会会員

PRINTED IN JAPAN　　印刷　東光整版印刷／製本　誠製本